通信原理简明教程

主　编　余良俊
副主编　望　超　黄翠翠　孙利华
　　　　　邓　华　李　芳　董振华
　　　　　陈　荣

华中科技大学出版社
中国·武汉

内 容 简 介

"通信原理"是通信领域中最重要的专业基础课之一,学习该课程是进一步学习通信领域的各种专业知识的关键基础。目前,该课程几乎成为所有通信、电子信息等专业的必修课程。着眼于通信的基本概念、基本理论和基础知识的分析,根据通信技术的发展现状和研究成果,并基于课堂教学和实践教学经验,汲取了国内外相关教材特点,编者编写了《通信原理简明教程》一书。本书可作为应用技术型本科和高职高专电信与通信类相关专业本科生和大专生的教材,还可作为相关科技人员的参考书。

图书在版编目(CIP)数据

通信原理简明教程/余良俊主编. —武汉:华中科技大学出版社,2018.7
ISBN 978-7-5680-4416-5

Ⅰ.①通…　Ⅱ.①余…　Ⅲ.①通信原理-高等学校-教材　Ⅳ.①TN911

中国版本图书馆 CIP 数据核字(2018)第 146567 号

通信原理简明教程
Tongxin Yuanli Jianming Jiaocheng

余良俊　主编

策划编辑:范　莹
责任编辑:余　涛
责任校对:刘　竣
封面设计:原色设计
责任监印:周治超

出版发行:华中科技大学出版社(中国·武汉)　　电话:(027)81321913
　　　　　武汉市东湖新技术开发区华工科技园　　邮编:430223
录　　排:武汉市洪山区佳年华文印部
印　　刷:武汉华工鑫宏印务有限公司
开　　本:787mm×1092mm　1/16
印　　张:10.5
字　　数:267 千字
版　　次:2018 年 7 月第 1 版第 1 次印刷
定　　价:28.00 元

前　言

"通信原理"是通信领域中最重要的专业基础课之一,学习该课程是进一步学习通信领域的各种专业知识的关键基础。目前,该课程几乎成为所有通信、电子信息等专业的必修课程。着眼于通信的基本概念、基本理论和基础知识的分析,根据通信技术的发展现状和研究成果,并基于课堂教学和实践教学经验,汲取了国内外相关教材特点,编者编写了《通信原理简明教程》一书。本书可作为应用技术型本科和高职高专电信与通信类相关专业本科生和大专生的教材,还可作为相关科技人员的参考书。本书具有如下特点:

(1) 以面向应用为目的。紧扣通信原理的核心内容选材,突出基本概念、基本原理和基本方法,弱化数学推导,注重实际应用。本书深入浅出,使读者能够尽快掌握。

(2) 体系上,知识结构紧凑完整,注意了与先修课程的衔接。本书对通信原理的内容进行了整合,每章节按照功能模块有序展开,教学内容循序渐进,增强了教材的逻辑性和可读性。

(3) 图文并茂、例题丰富。本书在每个章节中,为每个主要的知识点都举例旁证,注意理论与应用的结合,便于学生对抽象的理论和概念的理解。

全书共7章,分别是绪论、信源和信道、模拟调制系统、模拟信号的数字化、数字信号的基带传输、数字频带传输系统和同步技术。

第1章绪论,简要介绍了通信的概念、分类和特点,通信系统的组成以及主要性能指标。

第2章信源和信道,主要介绍了离散信源和连续信源的信息测度,以及信道的信息传输速率和信道容量。本章还针对性复习了通信原理核心内容所涉及的专业基础知识。

第3章模拟调制系统,主要介绍了模拟调制系统的原理、性能以及应用的实例。

第4章模拟信号的数字化,介绍了模拟信号数字化的原理,重点介绍了脉冲编码调制和增量调制及其性能。

第5章数字信号的基带传输,介绍了数字基带信号的常用波形以及传输码型和频谱特性,并介绍了抑制噪声和消除码间干扰的理论和技术。

第6章数字频带传输系统,重点介绍了二进制数字调制系统的原理以及抗噪声性能,并简要介绍了多进制数字调制系统的基本原理。

第7章同步技术,介绍了通信系统中所涉及的各种同步技术的概念和实现原理。

本书由余良俊担任主编,负责全书的统稿工作。望超、黄翠翠、孙利华、邓华、李芳、董振华、陈荣担任副主编。本书在编写过程中,得到了其他同事的关心和帮助,在此一并表示衷心的感谢。

由于编者水平有限,书中难免有疏漏之处,恳请读者批评指正。

编　者

2018 年 5 月

目　　录

1　绪　　论

1.1　通信和通信系统的一般概念

通信的目的是传递消息中所包含的信息。例如,把地点 A 的消息传输到地点 B,或者把地点 A 和地点 B 的消息双向传输。通信能跨越距离的障碍完成信息的转移和交流。通信实际上是指由一地向另一地进行消息的有效传输。

消息是指通信系统传输的对象,它是信息的载体。消息的表达形式有语言、文字、符号、图像、数据等。消息可以分成两大类:连续消息和离散消息。实现通信的方式很多,随着现代科学技术的发展,目前使用最广泛的方式是电通信方式,即用电信号携带所要传输的消息,然后经过各种电信道进行传输,达到通信的目的。之所以使用电通信方式,是因为这种方式能使消息几乎在任意的通信距离上实现迅速而准确的传递。如今,在自然科学领域涉及"通信"这一术语时,一般指的就是电通信。就广泛的意义上来说,光通信也属于电通信,因为光也是一种电磁波。

通信系统按照不同的分类方式可以分为不同的类型。

(1) 按照媒质的类型划分,通信系统可分为有线通信系统,如各种电缆、光纤等;无线通信系统,如无线电波、红外线等。

(2) 按照传输信号类型划分,通信系统可分为模拟通信系统和数字通信系统。

(3) 按照传输信号的频率范围划分,通信系统可分为基带通信系统和调制通信系统。

有线通信是用导线作为传输媒质的通信方式,这里的导线可以是架空明线、各种电缆、波导以及光纤。无线通信则不需要通过有线传输,而是利用无线电波在空间的传播来传输消息。

如图 1.1 所示的移动电话系统,图中各基站与移动交换局通过有线和无线进行相连,各基站与移动电话之间通过无线方式进行通信联络。移动电话把电话信号转换成相应的高频电磁波,通过天线发往基站。同理,基站也通过天线将信号发往移动电话,最终实现移动电话与其他电话之间通信。

无论是有线通信还是无线通信,为了实现消息的传输和交换,都需要一定的技术设备和传输媒质。为完成通信任务所需要的一切技术设备和传输媒质所构成的总体称为通信系统。通信系统的一般模型如图 1.2 所示。

图 1.2 概括地描述了通信系统的组成,它反映了通信系统的共性,通常称为通信系统的一般模型,根据所要研究的对象和所关心的问题的不同,还要使用不同形式的较具体的通信系统。对通信系统及其理论的讨论都是围绕通信系统的模型而展开的。

信源即原始电信号的来源,它的作用是将原始消息转换为相应的电信号,这样的电信号通常称为消息信号和基带信号。常用的信源有电话机的话筒、摄像机、计算机等。为了传输基带

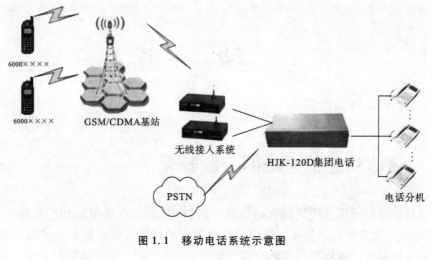

图 1.1　移动电话系统示意图

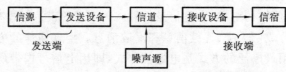

图 1.2　通信系统的一般模型

信号,必须经过发送设备对基带信号进行各种处理和变换,以使它适合于在信道中传输。在发送设备和接收设备之间用于传输信号的媒质称为信道。在接收端,接收设备的功能与发送设备的相反,其作用是对接收的信号进行必要的处理和变换,以便恢复出相应的基带信号。信宿的作用是将恢复出来的原始电信号转换成相应的消息,如电话机的听筒将音频电信号转换成声音,提供给最终的消息接收对象。图 1.2 中的噪声源是信道中的噪声以及分散在通信系统其他各处的噪声的集中表示。各个部分功能简述如下。

信息源(简称信源):把各种消息转换成原始电信号,分为模拟信源和数字信源。

发送设备:产生适合于在信道中传输的信号。

信道:将来自发送设备的信号传送到接收端的物理媒质,分为有线信道和无线信道两大类。

噪声源:集中表示分布于通信系统中各处的噪声。

接收设备:从受到减损的接收信号中正确恢复出原始电信号。

信宿(受信者):把原始电信号还原成相应的消息,如扬声器等。

1.2　模拟通信与数字通信

通信系统中待传输的消息形式是多种多样的,它可以是符号、文字、话音或图像等。为了实现消息的传输和交换,首先需要把消息转换为相应的电信号。通常,这些信号是以它的某个参量的变化来表示消息的。按照信号参量的取值方式不同,信号可以分为模拟信号和数字信号两类。模拟信号的某个参量与消息相应而连续取值,如电话机话筒输出的语音信号、电视摄像机输出的电视图像信号等都属于模拟信号。数字信号的参量是离散取值的,如计算机、电传机输出的信号就是数字信号。

根据通信系统所传输的是模拟信号还是数字信号,相应地,通信系统可以分成模拟通信系统和数字通信系统。也就是说,信道中传输模拟信号的系统称为模拟通信系统,信道中传输数字信号的系统称为数字通信系统。当然,以上的分类方法是以信道传输信号的差异为标准的,而不是根据信源输出的信号来划分的。如果在发送端先把模拟信号变换成数字信号,即进行A/D变换,然后就可用数字方式进行传输,在接送端再进行相反的变换,即进行 D/A 变换,可以还原出模拟信号。

模拟信号和数字信号通常都要经过调制形成模拟调制信号和数字调制信号,以适应信道的传输特性。在短距离的有线传输场合,也是用基带传输的方式。

综合以上情况,通信系统的分类可表示如下:

$$通信系统\begin{cases}模拟通信系统\begin{cases}模拟基带传输系统\\模拟调制传输系统\end{cases}\\数字通信系统\begin{cases}数字基带传输系统\\数字调制传输系统\end{cases}\end{cases}$$

本书将按以上分类方法对通信系统的组成、基本工作原理及性能进行深入讨论。

模拟通信系统的模型大体上与图 1.2 所示的相仿,其方框图如图 1.3 所示。对应于图 1.3 中的发送设备,一般说应该包括调制、放大、天线等,但这里只画了一个调制器,目的是为了突出调制的重要性。同样,接收设备只画了一个解调器。图 1.3 所示的就是一个最简化的模拟通信系统模型。

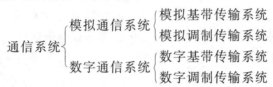

图 1.3 模拟通信系统的模型

数字通信系统模型如图 1.4 所示,这里的发送设备包含信源编码、信道编码和调制器三个部分。信源编码是对模拟信号进行编码,得到相应的数字信号;而信道编码则是对数字信号进行再次编码,使之具有自动检错或纠错的能力。数字信号对载波进行调制形成调制信号。高质量的数字通信系统才有信道编码部分。

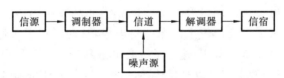

图 1.4 数字通信系统模型

图 1.2~图 1.4 所示的均为单向通信系统,但在绝大多数场合,通信的双方互通信息,因而要求双向通信。单向通信称为单工方式,双向通信称为双工方式。

就目前来说,不论是模拟通信还是数字通信,在通信业务中都得到了广泛应用。但是,20多年来,数字通信发展十分迅速,在整个通信领域中所占比重日益增长,在大多数通信系统中已替代模拟通信,成为当代通信系统的主流。与模拟通信相比,数字通信更能适应对通信技术越来越高的要求。数字通信的主要优点如下:

(1) 抗干扰能力强,且噪声不积累。在远距离传输中,各中继站可以对数字信号波形进行整形再生而消除噪声的积累。此外,还可以采用各种差错控制编码方法进一步改善传输质量。

(2) 便于加密,有利于实现保密通信。

(3) 易于实现集成化,使通信设备的体积小、功耗低。

(4) 数字信号便于处理、存储、交换,便于和计算机连接,也便于用计算机进行管理。

当然,数字通信的许多优点都是以比模拟通信占据更宽的频带为代价的。以电话为例,一路模拟电话通常只占据 4 kHz 带宽,但一路数字电话却要占据 20 kHz ~ 60 kHz 的带宽。随着社会生产力的发展,有待传输的数据量急速增加,传输可靠性和保密性要求越来越高,所以实际工程中宁可牺牲系统频带也要采用数字通信。至于在频带富裕场合,比如毫米波通信、光通信等,都选择了数字通信。

1.3 通信发展简史

通信的历史并不长,一般把 18 世纪 30 年代有线电报的发明作为开始使用点通信的标志,但那时的通信距离只有 70 km。1837 年,美国人塞缪乐·莫尔斯(Samuel Morse)成功地研制出世界上第一台电磁式电报机。1844 年 5 月 24 日,莫尔斯在美国国会大厦联邦最高法院会议厅用"莫尔斯电码"发出了人类历史上的第一份电报,从而实现了长途电报通信。1864 年,英国物理学家麦克斯韦(J. c. Maxwell)建立了一套电磁理论,预言了电磁波的存在,说明了电磁波与光具有相同的性质,两者都是以光速传播的。1876 年发明的有线电话被称为是现代电通信的开端。1878 年世界上的第一个人工交换局只有 21 个用户。无线电报于 1896 年实现,它开创了无线电通信发展的道路。1906 年电子管的发明迅速提高了无线通信及有线通信的水平。

百余年已经过去,人类的通信史依旧在不断进化。人类一直在探索如何利用工具进行远端通信,电报、电话、拨号盘电话、按键电话、手机、短信、微信等,今天让我们一起看看人类通信发展的历史及演化。

人类进行通信的历史已很悠久。早在远古时期,人们就通过简单的语言、壁画等方式交换信息。千百年来,人们一直在用语言、图符、钟鼓、烟火、竹简、纸书等传递信息,古代人的烽火狼烟、飞鸽传信、驿马邮递就是这方面的例子。在现代社会中,交通警察的指挥手语、航海中的旗语等不过是古老通信方式进一步发展的结果。这些信息传输基本上都是依靠人的视觉与听觉来实现的。

19 世纪中叶以后,随着电报、电话的发明,以及电磁波的发现,人类通信领域产生了根本性的巨大变革,实现了利用金属导线来传输信息,甚至通过电磁波来进行无线通信,使神话中的"顺风耳""千里眼"变成现实。从此,人类的信息传递可以脱离常规的视听觉方式,用电信号作为新的载体,同时带来了一系列技术革新,开始了人类通信的新时代。

电磁波的发现产生了巨大影响。不到 6 年的时间,俄国的波波夫、意大利的马可尼分别发明了无线电报,实现了信息的无线电传播,其他无线电技术也如雨后春笋般涌现出来。1904年英国电气工程师弗莱明发明了二极管。1906 年美国物理学家费森登成功地研究出无线电广播。1907 年美国物理学家德福莱斯特发明了真空三极管,美国电气工程师阿姆斯特朗应用电子器件发明了超外差式接收装置。1920 年美国无线电专家康拉德在匹兹堡建立了世界上第一家商业无线电广播电台,从此广播事业在世界各地蓬勃发展,收音机成为人们了解时事新闻的方便途径。1933 年法国人克拉维尔建立了英法之间第一个商用微波无线电线路,推动了无线电技术的进一步发展。

电磁波的发现也促使图像传播技术迅速发展起来。1922 年 16 岁的美国中学生菲罗·法恩斯沃斯设计出第一幅电视传真原理图,1929 年申请了发明专利,被裁定为发明电视机的第一人。1935 年美国纽约帝国大厦设立了第一座电视台,次年就成功地把电视节目发送到70 km 以外的地方。1938 年兹沃尔金又制造出第一台符合实用要求的电视摄像机。经过人们的不断探索和改进,1945 年在三基色工作原理的基础上美国无线电公司制成了世界上第一台全电子管彩色电视机。直到 1946 年,美国人罗斯·威玛发明了高灵敏度摄像管,同年日本人八本教授解决了家用电视机接收天线问题,从此一些国家相继建立了超短波转播站,电视迅速普及开来。

图像传真也是一项重要的通信方式。自从 1925 年美国无线电公司研制出第一部实用的传真机以后,传真技术不断革新。1972 年以前,该技术主要用于新闻、出版、气象和广播行业;1972 年至 1980 年间,传真技术已完成从模拟向数字、从机械扫描向电子扫描、从低速向高速的转变,除代替电报和用于传送气象图、新闻稿、照片、卫星云图外,还在医疗、图书馆管理、情报咨询、金融数据、电子邮政等方面得到应用;1980 年后,传真技术向综合处理终端设备过渡,除承担通信任务外,它还具备图像处理和数据处理的能力,成为综合性处理终端。

此外,作为超远距离进行控制信息的遥控、遥测和遥感技术也是非常重要的技术。随着电子技术的高速发展,在军事、科研方面迫切需要解决的计算工具也得到大大改进。1946 年美国宾夕法尼亚大学的埃克特和莫希里研制出世界上第一台电子计算机。1977 年美国、日本科学家制成超大规模集成电路,30 平方毫米的硅晶片上集成了 13 万个晶体管。微电子技术极大地推动了电子计算机的更新换代,使电子计算机显示了前所未有的信息处理功能,成为现代高新科技的重要标志。

为了解决资源共享问题,单一计算机很快发展成计算机联网,实现了计算机之间的数据通信、数据共享。通信介质从普通导线、同轴电缆发展到双绞线、光纤导线、光缆;电子计算机的输入/输出设备也飞速发展起来,如扫描仪、绘图仪、音频视频设备等,使计算机如虎添翼,可以处理更多的复杂问题。20 世纪 80 年代末多媒体技术的兴起,使计算机具备了综合处理文字、声音、图像、影视等各种形式信息的能力,日益成为信息处理最重要和必不可少的工具。

至此,我们可以初步认为:信息技术是以微电子和光电技术为基础,以计算机和通信技术为支撑,以信息处理技术为主题的技术系统的总称,是一门综合性的技术。电子计算机和通信技术的紧密结合,标志着数字化信息时代的到来。

通信技术的现状和发展趋势:

(1) 短波通信;

（2）微波通信；

（3）卫星通信；

（4）光纤通信；

（5）移动通信。

人类对新技术的追求是无止境的，对新的通信系统和通信技术的研究仍在不断进行。人类通信的目标是任何人在任何地点、任何时间，都能利用通信终端与在任何地方的人进行通信。

1.4　信息及其度量

前面已经提到，按照参量取值的特点，电信号可以分为模拟信号和数字信号。能用连续的函数值表示的电信号为模拟信号，只能用离散的函数值表示的信号为数字信号。如常见的文字和数字，它们只具有有限个不同符号，通常用一组二进制数表示这些符号，符号的组合就组成了消息。通信的根本目的在于传输消息中所包含的信息。信息是指消息中所包含的有效内容，或者说是受信者预先不知而待知的内容。不同形式的消息，可以包含相同的信息。传输信息的多少可以采用信息量去衡量。

1.4.1　信息量

通信系统传输的具体对象是消息，其最终目的在于通过消息的传递使收信者获知信息。这里所说的信息，指的是收信者在收到信息之前对消息的不确定性。消息是具体的，而信息是抽象的。为了对通信系统的传输能力进行定量的分析和衡量，就必须对信息进行定量的描述。不同的消息含有不同数量的信息，同一个消息对不同的接收对象来说信息的多少也不同，所以对信息的度量应当是客观的。

衡量信息多少的物理量为信息量。以我们的直观经验，已经对信息量有了一定程度的理解。首先，信息量的大小与消息所描述事件的出现概率有关。若某一消息的出现概率很小，当收信者收到时就会感到很突然，那么该消息的信息量很大。若消息出现的概率很大，收信者事先已有所估计，则该消息的信息量就较小。若收到完全确定的消息则没有信息量。因此，信息量应该是消息出现概率的单调递减函数。其次，如果收到的不只是一个消息，而是若干个互相独立的消息，则总的信息量应该是每个消息的信息量之和，这就意味着信息量还应该满足相加性的条件。再则，对于由有限个符号组成的离散信源来说，随着信息长度增加，其可能出现的消息数目却是按指数增加的，基于以上的认识，对信息量作出如下定义：若一个消息 x_i 出现的概率为 $P(x_i)$，则这一消息所含的信息量为

$$I(x_i) = \log \frac{1}{P(x_i)} = -\log P(x_i) \tag{1.1}$$

当上式中的对数以 2 为底时，信息量的单位为比特（bit）；对数以 e 为底时，信息量的单位为奈特（nit）。目前应用最广泛的单位是比特。

信息是用符号表达的，所以消息所含的信息量即符号所含的信息量。

【例 1.1】 表 1.1 给出英文字母出现的概率，求字母 e 和 q 的信息量。

表 1.1　英文字母出现的概率

符号	概率	符号	概率	符号	概率
空隙	0.20	s	0.052	Y、w	0.012
e	0.105	h	0.047	g	0.011
t	0.072	d	0.035	b	0.0105
o	0.0654	i	0.029	v	0.008
a	0.064	c	0.023	k	0.003
n	0.059	F、u	0.0225	x	0.002
l	0.055	m	0.021	J、q、z	0.001
r	0.054	p	0.0175		

解　由表 1.1 可知 e 的出现概率为 $P(e)=0.105$,可计算其信息量 $I(e)$ 为

$$I(e)=-\log_2 P(e)=-\log_2 0.105 \text{ bit}=3.24 \text{ bit}$$

q 的出现概率 $P(q)=0.001$,其信息量为

$$I(q)=-\log_2 P(q)=-\log_2 0.001 \text{ bit}=9.97 \text{ bit}$$

【例 1.2】　设二进制离散信源以相等的概率发送数字 0 或 1,则信源每个输出的信息含量为多少?

解　
$$I(0)=I(1)=\log_2 \frac{1}{p}=\log_2 \frac{1}{1/2} \text{ bit}=1 \text{ bit}$$

可见,传送等概率的二进制波形之一($P=1/2$)的信息量为 1 bit。

1.4.2　平均信息量

式(1.1)是单一符号出现时的信息量。对于由一串符号构成的消息,假设各符号的出现是相互独立的,根据信息量相加的概念,整个消息的信息量为

$$I=-\sum_{i=1}^{N} n_i \log P(x_i) \tag{1.2}$$

式中:n_i 为第 i 种符号出现的次数;$P(x_i)$ 为第 i 种符号出现的概率;N 为信息源的符号种类。

当信息很长时,用符号出现概率和次数来计算消息的信息量是比较麻烦的,此时可用平均信息量的概念来计算。平均信息量是指每个符号所含信息量的统计平均值,N 种符号的平均信息量为

$$H(x)=-\sum_{i=1}^{N} P(x_i) \log P(x_i) \tag{1.3}$$

上式的单位为比特/符号(bit/sym),由于 H 与热力学中熵的定义式类似,所以又称它为信源的熵。

有了平均信息量 $H(x)$ 和符号的总个数 N,可求出总信息量为

$$I=H(x) \cdot N \tag{1.4}$$

可以证明,当信源中每种符号出现的概率相等,而且各符号的出现为统计独立时,该信源的平均信息量最大,即信源的熵有最大值,可表示为

$$H_{\max} = -\sum_{i=1}^{N} \frac{1}{N} \log \frac{1}{N} = \log N \tag{1.5}$$

由上式可知,对于二进制信源,在等概率条件下,每个符号可提供 1 bit 的信息量。由于这种内在的联系,工程上常用比特表示二进制码的位数。例如,二进制码 101 为 3 位码,有时也称为 3 比特。

通过以上介绍,可以对数字信号有了初步的了解。数字序列由码元组成,每个码元所含的信息量由码元出现的概率决定。数字通信中所提到的码元速率 R_s 和信息速率 R_b 从不同角度反映了数字通信系统的传输效率。

【例 1.3】 四进制信源(0,1,2,3),$P(0)=3/8$,$P(1)=P(2)=1/4$,$P(3)=1/8$,试求信源的平均信息量。

解 $H = \sum_{i=1}^{M} p(x_i) \log_2 \frac{1}{p(x_i)}$,$I_i = \log_2 \frac{1}{P(x_i)}$

$H = P(0)I_0 + P(1)I_1 + P(2)I_2 + P(3)I_3 = 1.906$ bit/sym

【例 1.4】 一离散信源由"0""1""2""3"四个符号组成,它们出现的概率分别为 3/8,1/4,1/4,1/8,且每个符号的出现都是独立的。试求某消息 2010201302130012032101000321010 0231020002010312032100120210 的信息量。

解 此消息中,"0"出现 23 次,"1"出现 14 次,"2"出现 13 次,"3"出现 7 次,共有 57 个符号,故该消息的信息量为

$$I = 23\log_2 8/3 + 14\log_2 4 + 13\log_2 4 + 7\log_2 8 = 108 \text{ bit}$$

每个符号的算术平均信息量为

$$\bar{I} = \frac{I}{符号数} = \frac{108}{57} \text{ bit/sym} = 1.89 \text{ bit/sym}$$

若用熵的概念来计算:

$$H = \left(-\frac{3}{8}\log_2 \frac{3}{8} - \frac{1}{4}\log_2 \frac{1}{4} - \frac{1}{4}\log_2 \frac{1}{4} - \frac{1}{8}\log_2 \frac{1}{8}\right) \text{ bit/sym} = 1.906 \text{ bit/sym}$$

则该消息的信息量为

$$I = 57 \times 1.906 \text{ bit} = 108.64 \text{ bit}$$

以上两种结果略有差别的原因在于,它们平均处理方法不同。前一种按算数平均的方法,结果可能存在误差。这种误差将随着消息序列中符号数的增加而减小。当消息序列较长时,用熵的概念计算更为方便。

1.5 通信系统的质量指标

为了衡量通信系统的质量优劣,必须使用通信系统的性能指标,即质量指标。这些指标是对整个系统进行综合评估而规定的。通信系统的性能指标是一个十分复杂的问题,涉及通信的有效性、可靠性、适应性、标准性、经济性及维护使用等。但是从研究信息传输的角度来说,通信的有效性和可靠性是最重要的指标。有效性指的是传输一定的信息量所消耗的信道资源数(带宽或时间),而可靠性指的是接收信息的准确程度。这两项指标体现了对通信系统最重要的要求。

有效性和可靠性这两个要求通常是矛盾的,因此只能根据需要及技术发展水平尽可能取得适当的统一。例如,在一定可靠性指标下,尽量提高消息的传输速度;或者在一定有效性条件下,使消息的传输质量尽可能高。

模拟通信和数字通信对两个指标要求的具体内容有很大差别,必须分别加以说明。

1.5.1　模拟通信系统的质量指标

1. 有效性

模拟通信系统的有效性用有效传输带宽来度量。同样的消息采用不同的调制方式时,需要不同的频带宽度。频带宽度越窄,则有效性越好。如传输一路模拟电路,单边带信号只需要 4 kHz 带宽,而常规调幅或多边带信号则需要 8 kHz 带宽,因此在一定频带内用单边带信号传输的路数比常规调幅信号的多一倍,也就是可以传输更多的消息。显然,单边带传输系统的有效性比常规调幅系统的要好。

2. 可靠性

模拟通信系统的可靠性用接收端的输出信噪比来度量。信噪比越大,通常质量越高。如普通电话要求信噪比在 20 dB 以上,电视图像则要求信噪比在 40 dB 以上。信噪比是由信号功率和传输中引入的噪声功率决定的。不同调制方式在同样信道条件下所得到的输出信噪比是不同的。例如,调频信号的抗干扰性能比调幅信号的好,但调频信号所需的传输带宽却宽于调幅信号。

1.5.2　数字通信系统的质量指标

1. 有效性

数字信号由码元组成,码元携带有一定的信息量。定义单位时间传输的码元数为码元速率 R,单位为码元/秒,又称波特(Baud),简记为 B,所以码元速率也称为波特率。

(1) 信息率。

定义单位时间传输的信息量为信息速率 R_b,单位为比特/秒(bit/s 或 b/s),所以信息率又称比特率。一个二进制码元的信息量为 1 b,一个 M 进制码元的信息量为 $\log_2 M$ b,所以码元速率 R_s 与信息速率 R_b 之间的关系为

$$R_b = R_s \log_2 M \ (\text{b/s}) \tag{1.6}$$

$$R_s = \frac{R_b}{\log_2 M} \ (\text{Baud}) \tag{1.7}$$

如果每秒传送 2400 码元,则码元速率为 2400 (Baud);当采用二进制时,信息速率为 2400 b/s;若采用四进制时,则信息速率为 4800 b/s。二进制等概率的码元速率和信息速率在数量上相等,有时简称它们为数码率。

(2) 码元长度 T_B。

在数字通信中常用时间间隔相同的符号来表示一位二进制数字,这个间隔称为码元长度。

$$T_B = \frac{1}{R_B} \quad \text{或} \quad R_B = \frac{1}{T_B} \tag{1.8}$$

数字信号有多进制和二进制之分,但码元速率与进制数无关,只与传输的码元长度 T_B

有关。

（3）传信率 R_b。

信息传输速率 R_b 简称传信率，又称比特率等。它表示单位时间内传输的平均信息量或比特数，单位是比特/秒，可记为 bit/s 或 b/s。

$$R_b = R_B \cdot H \text{（b/s）} \tag{1.9}$$

式中：H 表示信源中每个符号所含的平均信息量（熵）。

在等概率情况下，有

$$R_b = R_B \log_2 N \text{（b/s）} \tag{1.10}$$

式中：N 表示每个码元可能采用的符号数。

例如，码元速率为 1200 Baud，采用八进制（$N=8$）时，信息速率为 3600 b/s；采用二进制（$N=2$）时，信息速率为 1200 b/s。二进制的码元速率和信息速率在数量上相等，有时简称它们为数码率。

若有信号 $X_1, X_2, \cdots, X_{256}$（共 N 种信号），则

用二进制描述 $\longrightarrow$ 需 8 位

用四进制描述 $\longrightarrow$ 需 4 位　用 M 进制描述，需 $\log_M N$ 位。

用八进制描述 $\longrightarrow$ 需 3 位

在保证信息速率不变的情况下，M 进制的码元速率 R_{BM} 与二进制的码元速率 R_{B2} 之间有以下转换关系：

$$R_{B2} = R_{BM} \log_2 M \text{（b）} \tag{1.11}$$

（4）频带利用率。

对于两个传输速率相等的系统，如果使用的带宽不同，则二者的传输效率也不同，所以频带利用率更能本质地反映数字通信系统的有效性。

定义单位频带内的码元传输速率为码元频带利用率，即

$$\eta_s = \frac{R_s}{B} \text{（Baud/Hz）} \tag{1.12}$$

定义单位频带内的信息传输率为信息频带利用率，即

$$\eta_b = \frac{R_b}{B} \text{（b/（s·Hz））} \tag{1.13}$$

式（1.13）的应用更广泛，如果不加以说明，频带利用率均指信息频带利用率。

2. 可靠性

数字通信系统的可靠性用差错率来衡量。差错率常用误码率和误信率表示。

定义误比特率 P_b 为

$$P_b = \frac{\text{错误比特数}}{\text{传输总比特数}} \tag{1.14}$$

定义误码元率 P_s 为

$$P_s = \frac{\text{错误码元数}}{\text{传输总码元数}} \tag{1.15}$$

有时将误比特率称为误信率,误码元率称为误符号率,也称为误码率。在二进制码中,如 $P_\text{s}=P_\text{b}$,这时误信率和误码率相同。

例如,四进制信息串 1 2 0 3 0 2 1,$P_\text{b}=\dfrac{2}{7}$。

差错率越小,通信的可靠性越高。对 P_b 的要求与所传输的信号有关,如传输数字电话信号时,要求 P_b 在 $10^{-6}\sim10^{-3}$,而传输计算机数据则要求 $P_\text{b}<10^{-9}$。当信道不能满足要求时,必须加纠错措施。

【例 1.5】 已知某十六进制数字通信系统的信息速率为 4000 b/s,在接收端 10 min 内共测得 18 个错误的码元,试求该系统的误码率。

解 依题意可知 $R_\text{b}=4000$ b/s,则
$$R_\text{B}=R_\text{b}/\log_2 16=1000\ \text{Baud}$$
则系统的误码率为
$$P_\text{e}=\frac{18}{1000\times10\times60}=3\times10^{-5}$$

习　题

1. 设英文字母 E 出现的概率为 0.105,x 出现的概率为 0.002。试求 E 和 x 的信息量。

2. 消息源以概率 $P_1=1/2$,$P_2=1/4$,$P_3=1/8$,$P_4=1/16$,$P_5=1/16$ 发送 5 种消息符号 m1、m2、m3、m4、m5。若每个消息符号出现是独立的,求每个消息符号的信息量。

3. 若信源发出概率各为 1/2、1/4、1/6 和 1/12 的 4 个字母序列,求其平均信息量。

4. 设有 4 种消息符号,其出现概率分别是 1/4、1/8、1/8、1/2。各消息符号出现是相对独立的,求该符号集的平均信息量。

5. 某二元码序列的信息速率是 2400 b/s,若改用八元码序列传送该消息,试求码元速率是多少?

6. 某消息用十六元码序列传送时,码元速率是 300 Baud。若改用二元码序列传输该消息,其信息速率是多少?

7. 设一数字传输系统传送的二进制码元的速度为 1000 Baud。试求该系统的信息速率;若该系统改成传送十六进制信号码元,码元速率为 2000 Baud,则此时系统的信息速率为多少?

8. 若一信号源输出四进制等概数字信号,其码元宽度为 1 μs。试求其码元速度和信息速率。

9. 若上题中,数字信号在传输过程中 2 s 时间出现了一个误码,求误码率。

答　案

1. $I(\text{E})=3.25$ b,$I(\text{x})=8.97$ b
2. $I(\text{m1})=1$ b,$I(\text{m2})=2$ b,$I(\text{m3})=3$ b,$I(\text{m4})=4$ b,$I(\text{m5})=4$ b
3. $H(x)=1.730$ bit/sym

4. $H(x)=1.750$ bit/sym

5. 800 Baud

6. 1200 b/s

7. 1000 b/s,8000 b/s

8. 10^6 Baud,2×10^6 b/s

9. 0.25×10^{-6}

2 信源和信道

通信系统由信源、信宿和信道三部分组成。其中，我们通常将数据的发送方称为信源，而将数据的接收方称为信宿。信源和信宿一般是计算机或其他一些数据终端设备。为了在信源和信宿之间实现有效的数据传输，必须在信源和信宿之间建立一条传送信号的物理通道，这条通道称为物理信道，简称信道。

2.1 信号和系统的分类

信号是消息的载体，通过信号传递信息。信号是随时间和空间变化的物理量，是携带信息的载体和工具。为了有效地传播和利用信息，常常需要将信息转换成便于传输和处理的信号。信号我们并不陌生，如刚才的铃声——声信号，表示该上课了；十字路口的红绿灯——光信号，指挥交通；电视机天线接收的电信信息——电信号；广告牌上的文字、图像信号等。

信号的产生、传输和处理需要一定的物理装置，这样的物理装置常称为系统。一般而言，系统（system）是指若干相互关联的事物组合而成的具有特定功能的整体，如手机、电视机、通信网、计算机网等都可以看成系统。它们所传送的语音、音乐、图像、文字等都可以看成信号。信号的概念与系统的概念常常紧密地联系在一起。系统的基本作用是对输入信号进行加工和处理，将其转换为所需要的输出信号。

2.1.1 信号的分类

信号是随时间或空间变化的物理量，是携带信息的载体和工具。信号按物理属性可分为电信号和非电信号，它们可以相互转换。电信号容易产生，便于控制，易于处理，本书简称电信号为"信号"。电信号的基本形式：随时间变化的电压或电流。其形式可以是多种多样的，从不同的角度进行分类可以得出各种不同的名称。但是从数学分析的角度来说，信号通常采用下面的几种分类。

（1）数字信号与模拟信号。

数字信号：携带信息的参量取值离散，如计算机输出的"1""0"信号。

模拟信号：携带信息的参量取值连续，如语音信号。

（2）周期信号与非周期信号。

周期信号：每隔一个固定时间重复出现的信号，如正弦信号或余弦信号。

非周期信号：不是周期重复出现的信号，如语音信号、单个的矩形脉冲信号等。

（3）确知信号与随机信号。

确知信号：能用确定的数字表达式描述的信号。

随机信号：信号在发生之前无法预知的信号，即写不出确定的数学表达式，通常只知道它取某值的概率。

（4）能量信号与功率信号。

能量信号：能量有限的信号，如宽度和幅度有限的单个矩形脉冲。

功率信号：功率有限的信号，如正弦或余弦信号。

2.1.2　系统的分类

在通信过程中，信号的变换和传输是由系统完成的。系统是指包括有若干元件或若干部件的设备。系统有大有小，大到由很多部件组成的完整系统，小到由具体几个电路组成的部件。信号在系统中变换和传输可用图 2.1 表示。

图中假设输入信号为 $x(t)$，通过系统后得到的输出响应为 $y(t)$。从数学的观点来看，输入和输出之间存在着如下的函数关系：

$$y(t) = f[x(t)]$$

图 2.1　系统示意图

（1）线性系统与非线性系统。

线性系统：满足线性叠加原理的系统。

非线性系统：不满足线性叠加原理的系统。

（2）时不变系统与时变系统。

时不变系统：系统的参数不随时间变化而变化，也称为恒参系统。

时变系统：系统的参数随时间变化而变化，也称为变（随）参系统。

（3）物理可实现系统与物理不可实现系统。

物理可实现系统：实际系统都是物理可实现系统，其特点是系统的输出信号不可能在输入信号之前出现。

物理不可实现系统：理想系统都是物理不可实现的系统，如理想低通滤波器。

2.2　确定信号的分析

通信理论中，贯彻始终的一条主线就是信号。通信就是通过对信号的处理变换，以及信号通过通信系统从而实现信息的传递。信号分为确定信号和随机信号。确定信号是指可以用确定的函数表达式表示出来的信号。研究确定信号，除了通过时域的方法以外还常常通过频域去研究，并且通过频域研究有时候显得更为简便和清晰。

2.2.1　周期信号

若信号 $f(t)$ 满足 $f(t)=f(t\pm nT)$，其中 $t\in(-\infty,\infty)$，n 为非负整数，则该信号为周期性信号，T 为信号周期。一个周期性信号可以展开成如下三角级数形式：

$$f(t) = \frac{a_0}{2} + \sum_{n=1}^{\infty}\left[a_n\cos\left(\frac{2\pi n}{T}t\right) + b_n\sin\left(\frac{2\pi n}{T}\right)\right] \tag{2.1}$$

其中，

$$a_n = \frac{2}{T} \int_{-T/2}^{T/2} f(t) \cos\left(\frac{2\pi n}{T}t\right) \mathrm{d}t \quad (n = 0,1,2,\cdots)$$

$$b_n = \frac{2}{T} \int_{-T/2}^{T/2} f(t) \sin\left(\frac{2\pi n}{T}t\right) \mathrm{d}t \quad (n = 1,2,\cdots)$$

a_n 和 b_n 都是傅里叶系数。特殊地，$\frac{a_0}{2}$ 是 $f(t)$ 的平均值，即直流分量。

若欧拉公式：

$$\cos\left(\frac{2\pi n}{T}t\right) = \frac{1}{2}\left[\mathrm{e}^{\left(\mathrm{j}\frac{2\pi n}{T}t\right)} + \mathrm{e}^{\left(-\mathrm{j}\frac{2\pi n}{T}t\right)}\right]$$

$$\sin\left(\frac{2\pi n}{T}t\right) = -\frac{1}{2\mathrm{j}}\left[\mathrm{e}^{\left(\mathrm{j}\frac{2\pi n}{T}t\right)} - \mathrm{e}^{\left(-\mathrm{j}\frac{2\pi n}{T}t\right)}\right]$$

代入式 $f(t) = \frac{a_0}{2} + \sum\limits_{n=1}^{\infty}\left[a_n \cos\left(\frac{2\pi n}{T}t\right) + b_n \sin\left(\frac{2\pi n}{T}\right)\right]$，则周期性信号还可以展开成如下指数级形式：

$$f(t) = \sum_{n=-\infty}^{\infty} F_n \mathrm{e}^{\mathrm{j}\frac{2\pi n}{T}t} \tag{2.2}$$

其中，

$$F_n = \frac{1}{T} \int_{-T/2}^{T/2} f(t) \mathrm{e}^{\frac{-\mathrm{j}2\pi n}{T}} \mathrm{d}t$$

三角级数和指数级数属于傅里叶级数中的两种不同形式，其中指数傅里叶级数形式是傅里叶变换的基础。

2.2.2 信号的傅里叶变换

周期性信号可以用傅里叶级数表示，而非周期性信号则不能用傅里叶级数直接表示。但如果把非周期信号看成是周期 $T \to \infty$ 的周期信号，则可以得到 $f(t)$ 的极限形式：

$$f(t) = \frac{1}{2\pi} \int_{-\infty}^{\infty} F(\omega) \mathrm{e}^{-\mathrm{j}\omega t} \mathrm{d}\omega \tag{2.3}$$

其中，

$$F(\omega) = \int_{-\infty}^{\infty} f(t) \mathrm{e}^{-\mathrm{j}\omega t} \mathrm{d}t$$

通常把 $F(\omega)$ 称为信号 $f(t)$ 的频谱密度，简称频谱。信号及其频谱具有一一对应的关系，故一个信号既可以用时间函数 $f(t)$ 表示，也可以用它的频谱 $F(\omega)$ 表示。傅里叶变换反映了信号的时间域和频率域之间的这种对应关系。通常把由 $f(t)$ 求 $F(\omega)$ 的过程称为傅里叶正变换；相反地，把由 $F(\omega)$ 求 $f(t)$ 的过程称为傅里叶逆变换，$f(t)$ 和 $F(\omega)$ 是一对傅里叶变换对，记作：

$$f(t) \to F(\omega)$$

由式 $F(\omega) = \int_{-\infty}^{\infty} f(t)\mathrm{e}^{-\mathrm{j}\omega t} \mathrm{d}t$ 可知，若积分 $\int_{-\infty}^{\infty} f(t)\mathrm{e}^{-\mathrm{j}\omega t} \mathrm{d}t$ 是一个有限值，则傅里叶变换存在。因此，傅里叶变换的充分条件为

$$\int_{-\infty}^{\infty} |f(t)| \mathrm{d}t < \infty$$

但这并不是必要条件。因为有些信号虽然不满足该条件，但其傅里叶变换也存在，如冲激函数 $\delta(t)$。

傅里叶变换对于实信号和复信号同样有效，一般 $F(\omega)$ 都为复函数。习惯上将 $F(\omega)$-ω 关系曲线称为 $f(t)$ 的幅度频谱图，简称频谱图。在区间 $(-\infty, +\infty)$ 上，信号的频谱图都是正负频率对称的，称为双边谱。其中负频率是正频率的镜像，没有物理意义。因此，有时也把频谱全部画在正频谱轴上，称为单边谱，此时的振幅比双边谱的要增加一倍。

2.2.3　信号的能量谱与功率谱

1. 信号的能量谱

信号可以分为能量信号和功率信号两种。所谓能量信号指的是能量为有限值且在全部时间范围内的平均功率为零的信号。一般来说，能量信号都有界且持续时间有限。通常把能量信号 $f(t)$（电压或电流）在单位电阻上所消耗的能量定义为归一化能量，简称能量。

令 $f(t)$ 为实能量信号，且 $f(t) \Leftrightarrow F(f)$，则 $f(t)$ 的能量为

$$E_f = \int_{-\infty}^{\infty} f^2(t)\mathrm{d}t = \int_{-\infty}^{\infty} f(t)\left[\int_{-\infty}^{\infty} F(f)\mathrm{e}^{\mathrm{j}2\pi ft}\mathrm{d}f\right]\mathrm{d}t$$

$$= \int_{-\infty}^{\infty} F(f)\left[\int_{-\infty}^{\infty} f(t)\mathrm{e}^{\mathrm{j}2\pi ft}\mathrm{d}t\right]\mathrm{d}f$$

$$= \int_{-\infty}^{\infty} F(f) * F(f)\mathrm{d}f$$

$$= \int_{-\infty}^{\infty} |F(f)|^2\mathrm{d}f$$

即

$$\int_{-\infty}^{\infty} f^2(t)\mathrm{d}t = \int_{-\infty}^{\infty} |F(f)|^2\mathrm{d}f \tag{2.4}$$

上式称为帕塞瓦尔定理。

通常令 $E(f) = |F(f)|^2$，称为 $f(t)$ 的能量谱密度。由此有

$$E_f = \int_{-\infty}^{\infty} f^2(t)\mathrm{d}t = \int_{-\infty}^{\infty} E(f)\mathrm{d}f \tag{2.5}$$

由上式可看出 $E(f)$ 是单位带宽中的信号能量与频率 f 的关系，故称其为能量谱密度。由于 $E(f)$ 存在于 $-\infty < f < \infty$，故称为双边能量谱密度。不难看出，对于实信号 $E(f)$ 是 f 的偶函数。在通信技术中常用到单边能量谱密度的概念 $G(f)$，其定义为

$$G(f) = \begin{cases} 2E(f), & f > 0 \\ 0, & f < 0 \end{cases}$$

2. 信号的功率谱

所谓功率信号指的是具有无限能量，但平均功率为有限值的信号。周期信号都属于功率信号，某些非周期信号也可能属于功率信号。通常把单位电阻上所消耗的平均功率定义为周期信号的归一化平均功率，简称功率。一个周期为 T 的周期信号 $f(t)$，其瞬时功率为 $|f(t)|^2$。在周期 T 内的平均功率为

$$P_f = \lim_{T \to \infty} \frac{1}{T}\int_{-T/2}^{T/2} f^2(t)\mathrm{d}t = \overline{f^2(t)} \tag{2.6}$$

其中，"—"表示时间平均。

取 $f(t)$ 的周期

$$f_T(t) = \begin{cases} f(t), & |t| < \dfrac{T}{2} \\ 0, & t\ 为其他值 \end{cases}$$

令

$$f_T(t) \Leftrightarrow F_T(f)$$

显然，$f_T(t)$ 为能量信号，其能量为

$$E_T = \int_{-\infty}^{\infty} f_T^2(t)\mathrm{d}t = \int_{-\infty}^{\infty} |E_T(f)|^2 \mathrm{d}f \quad （根据帕塞瓦尔定理） \tag{2.7}$$

$f(t)$ 的平均功率可表示为

$$P_f = \lim_{T\to\infty} \frac{E_T}{T} = \lim_{T\to\infty} \frac{1}{T}\int_{-\infty}^{\infty} |F_T(f)|^2 \mathrm{d}f = \lim_{T\to\infty} \int_{-\infty}^{\infty} \frac{|F_T(f)|^2}{T}\mathrm{d}f$$

令

$$P(f) = \lim_{T\to\infty} \frac{|F_T(f)|^2}{T}$$

如果此极限存在，则称其为 $f(t)$ 的功率谱密度。由此得到

$$P_f = \int_{-\infty}^{\infty} P(f)\mathrm{d}f \tag{2.8}$$

由上式可见，$P(f)$ 表示单位带宽中 $f(t)$ 的平均功率与 f 的关系，故称其为 $f(t)$ 的功率谱密度。由于 $P(f)$ 存在于 $-\infty < f < \infty$，故称为双边功率谱密度。对于实信号，$P(f)$ 是 f 的偶函数，因此，对于实信号还使用术语单边功率谱密度。其定义为

$$B(f) = \begin{cases} 2P(f), & f > 0 \\ 0, & f < 0 \end{cases}$$

信号 $f(t)$ 的功率 P_f 可表示为

$$P_f = \int_{-\infty}^{\infty} B(f)\mathrm{d}f$$

2.2.4 波形的互相关和自相关

1. 定义

令 $f_1(t)$、$f_2(t)$ 为能量信号，一般情况可以是时间的复函数，称

$$R_{12}(\tau) = \int_{-\infty}^{\infty} f_1^*(t)f_2(t+\tau)\mathrm{d}t$$

为 $f_1(t)$ 和 $f_2(t)$ 的互相关函数。

令 $f_1(t)$、$f_2(t)$ 为功率信号，则称

$$R_{12}(\tau) = \lim_{T\to\infty} \frac{1}{T}\int_{-T/2}^{T/2} f_1^*(t)f_2(t+\tau)\mathrm{d}t$$

为 $f_1(t)$ 和 $f_2(t)$ 的互相关函数。

若 $f_1(t)$ 和 $f_2(t)$ 为周期信号（周期为 T），则有

$$R_{12}(\tau) = \frac{1}{T}\int_{-T/2}^{T/2} f_1^*(t)f_2(t+\tau)\mathrm{d}t$$

若 $f_1(t) = f_2(t) = f(t)$，则称

$$R(\tau) = \lim_{T \to \infty} \frac{1}{T} \int_{-T/2}^{T/2} f^*(t) f(t+\tau) dt \qquad (2.9)$$

为 $f(t)$ 的自相关函数。

对于能量信号，自相关函数的定义为

$$R(\tau) = \int_{-\infty}^{\infty} f^*(t) f(t+\tau) dt \qquad (2.10)$$

对于实信号，上述公式中去掉共轭符号"$*$"。

归一化相关函数的定义为

$$r_{12}(\tau) = \frac{R_{12}(\tau)}{[R_1(0) R_2(0)]^{\frac{1}{2}}} \qquad (2.11)$$

2. 互相关函数的特性

(1) 若对所有的 τ，$R_{12}(\tau) = 0$，则两个信号互不相关。

(2) 当 $\tau \neq 0$ 时，$R_{12}(\tau) = R_{21}(-\tau)$。

(3) $R_{12}(0) = R_{21}(0)$。

3. 自相关函数的特性

(1) $R(\tau) = R(-\tau)$。

(2) $R(0) \geqslant |R(\tau)|$。

(3) $R(0)$ 表示能量信号的能量或功率信号的功率，即

$$R(0) = E$$
$$R(0) = S$$

2.2.5　卷积

1. 卷积的定义

令有函数 $f_1(t)$ 和 $f_2(t)$，称积分 $\int_{-\infty}^{\infty} f_1(\alpha) f_2(t-\alpha) d\alpha$ 为 $f_1(t)$ 和 $f_2(t)$ 的卷积，通常用 $f_1(t) * f_2(t)$ 表示，即

$$f_1(t) * f_2(t) = \int_{-\infty}^{\infty} f_1(\alpha) f_2(t-\alpha) d\alpha \qquad (2.12)$$

式中：α 为积分变量。由于定积分值与积分变量符号无关，所以式中的积分变量可用任何符号表示，如 τ、β、λ 等。

2. 卷积的性质

(1) 交换律：

$$f_1(t) * f_2(t) = f_2(t) * f_1(t)$$

(2) 分配率：

$$f_1(t) * [f_2(t) + f_3(t)] = f_1(t) * f_2(t) + f_1(t) * f_3(t)$$

(3) 结合律：

$$f_1(t) * [f_2(t) * f_3(t)] = [f_1(t) * f_2(t)] * f_3(t)$$

(4) 卷积的微分：

$$\frac{d[f_1(t) * f_2(t)]}{dt} = f_1'(t) * f_2(t) = f_1(t) * f_2'(t)$$

3. 卷积定理

（1）时域卷积定理。

令 $f_1(t)\Leftrightarrow F_1(f)$，$f_2(t)\Leftrightarrow F_2(f)$，则有

$$f_1(t) * f_2(t)\Leftrightarrow F_1(f)F_2(f)$$

证

$$
\begin{aligned}
F[f_1(t) * f_2(t)] &= \int_{-\infty}^{\infty}\left[\int_{-\infty}^{\infty} f_1(\alpha)f_2(t-\alpha)\mathrm{d}\alpha\right]\mathrm{e}^{-\mathrm{j}2\pi ft}\,\mathrm{d}t \\
&= \int_{-\infty}^{\infty} f_1(\alpha)\left[\int_{-\infty}^{\infty} f_2(t-\alpha)\mathrm{e}^{-\mathrm{j}2\pi ft}\,\mathrm{d}t\right]\mathrm{d}\alpha \\
&= \int_{-\infty}^{\infty} f_1(\alpha)F_2(f)\mathrm{e}^{-\mathrm{j}2\pi f\alpha}\,\mathrm{d}\alpha \\
&= F_1(f)F_2(f)
\end{aligned}
$$

（2）频域卷积定理。

令 $f_1(t)\Leftrightarrow F_1(f)$，$f_2(t)\Leftrightarrow F_2(f)$，则有

$$f_1(t)f_2(t)\Leftrightarrow F_1(f) * F_2(f)$$

证

$$
\begin{aligned}
F^{-1}[F_1(f) * F_2(f)] &= \int_{-\infty}^{\infty}\left[\int_{-\infty}^{\infty} F_1(u)F_2(f-u)\mathrm{d}u\right]\mathrm{e}^{\mathrm{j}2\pi ft}\,\mathrm{d}f \\
&= \int_{-\infty}^{\infty} F_1(u)\left[\int_{-\infty}^{\infty} F_2(f-u)\mathrm{e}^{\mathrm{j}2\pi ft}\,\mathrm{d}f\right]\mathrm{d}u \\
&= \int_{-\infty}^{\infty} F_1(u)f_2(t)\mathrm{e}^{\mathrm{j}ut}\,\mathrm{d}u \\
&= f_2(t)\int_{-\infty}^{\infty} F_1(u)\mathrm{e}^{\mathrm{j}ut}\,\mathrm{d}u \\
&= f_1(t)f_2(t)
\end{aligned}
$$

证毕。

2.3 随机信号分析

随机信号（random signal）：幅度未可预知，但又服从一定统计特性的信号，又称不确定信号。一般通信系统中传输的信号都具有一定的不确定性，因此都属于随机信号，否则就不可能传递任何新的信息，也就失去了通信的意义。在信号传输过程中，不可避免地会受到各种干扰和噪声的影响，这些干扰与噪声也都具有随机特性，属于随机噪声。随机噪声也是随机信号的一种，只是不携带信息。在数字滤波器和快速傅里叶变换的计算中，由于运算字长的限制，产生有限字长效应。这种效应无论采用什么方式，均产生噪声，可视为随机噪声。一般这类信号的频域是连续的，而函数信号为断续的。

随机信号是不能用确定的数学关系式来描述的，不能预测其未来任何瞬时值，任何一次观测只代表其在变动范围中可能产生的结果之一，其值的变动服从统计规律。它不是时间的确定函数，其在定义域内的任意时刻没有确定的函数值。

2.3.1 随机过程

1. 随机过程基本概念

随机信号的幅度、相位均随时间做无规律的、未知的、随机的变化。这次测出的是这种波

形,下次测出的可能会是另外一种波形,无法用确定的时间函数来表示,也无法准确地预测它未来的变化。但是,随机信号的统计规律是确定的,因此,人们用统计学方法建立了随机信号的数学模型——随机过程。随机过程(stochastic process)是一连串随机事件动态关系的定量描述。在这里我们主要研究平稳随机过程。

随机过程是一类随时间作随机变化的过程,它不能用确切的时间函数描述。譬如,有 n 台性能完全相同的接收机,它们的工作条件也完全相同。现在用 n 台示波器同时观测并记录这 n 台接收机的输出噪声波形,测试结果将表明,尽管设备和测试条件相同,但是所记录的是 n 条随时间起伏且各不相同的波形,如图 2.2 所示。

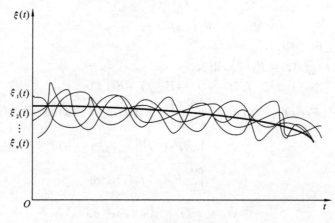

图 2.2 样本函数的集合

测试结果的每一个记录,即图 2.2 中的一个波形,都是一个确定的时间函数 $x_i(t)$,它成为样本函数或随机过程的一次实现。全部样本函数构成的总体 $\{x_1(t),x_2(t),\cdots,x_n(t)\}$ 就是一个随机过程,记作 $\xi(t)$。简言之,随机过程是所有样本函数的集合。

随机过程是随机变量概念的延伸。在任一给定时刻 t_1 上,每一个样本函数 $x_i(t)$ 都是一个确定的数值 $x_i(t_1)$,但是每个 $x_i(t_1)$ 都是不可预知的,这正是随机过程随机性的体现。所以,在一个固定时刻 t_1,不同样本的取值 $\{x_i(t_1),i=1,2,\cdots,n\}$ 是一个随机变量,记为 $\xi(t_1)$。随机过程在任意时刻的值是一个随机变量。因此,又可以把随机过程看作是在时间进程中处于不同时刻的随机变量的集合。

2. 随机过程的分布函数

设 $\xi(t)$ 表示一个随机过程,则它在任意时刻 t_1 的值 $\xi(t_1)$ 是一个随机变量,其统计特性可以用分布函数或概率密度函数来描述。把随机变量 $\xi(t_1)$ 小于或等于某一数值 x_1 的概率 $P[\xi(t_1)\leqslant x_1]$,记作

$$F_1(x_1,t_1)=P[\xi(t_1)\leqslant x_1] \tag{2.13}$$

并称它为随机过程 $\xi(t)$ 的一维分布函数。如果 $F_1(x_1,t_1)$ 对 x_1 的偏导存在,有

$$\frac{\partial F_1(x_1,t_1)}{\partial x_1}=f_1(x_1,t_1) \tag{2.14}$$

则称 $f_1(x_1,t_1)$ 为 $\xi(t)$ 的一维概率密度函数。

对于任意固定的 t_1 和 t_2 时刻,把 $\xi(t_1)\leqslant x_1$ 和 $\xi(t_2)\leqslant x_2$ 同时成立的概率

$$F_2(x_1,x_2,t_1,t_2)=P[\xi(t_1)\leqslant x_1,\xi(t_2)\leqslant x_2] \tag{2.15}$$

称为随机过程 $\xi(t)$ 的二维分布函数。如果

$$\frac{\partial^2 F_2(x_1,x_2;t_1,t_2)}{\partial x_1 \cdot \partial x_2}=f_2(x_1,x_2;t_1,t_2) \tag{2.16}$$

存在,则称 $f_2(x_1,x_2;t_1,t_2)$ 为 $\xi(t)$ 的二维概率密度函数。

同理,随机过程 $\xi(t)$ 的 n 维分布函数:

$$F_n(x_1,x_2,\cdots,x_n;t_1,t_2,\cdots,t_n)=P\{\xi(t_1)\leqslant x_1,\xi(t_2)\leqslant x_2,\cdots,\xi(t_n)\leqslant x_n\} \tag{2.17}$$

随机过程 $\xi(t)$ 的 n 维概率密度函数:

$$f_n(x_1,x_2,\cdots,x_n;t_1,t_2,\cdots,t_n)=\frac{\partial^n F_n(x_1,x_2,\cdots,x_n;t_1,t_2,\cdots,t_n)}{\partial x_1 \partial x_2 \cdots \partial x_n}$$

显然,n 越大,对随机过程统计特性的描述就越充分。

3. 随机过程的数字特征

在多数情况下,用随机过程的数字特征来部分地描述随机过程的主要特性。随机过程的数字特征是由随机变量的数字特征推广而得到的,其中最常用的是均值、方差和相关函数。

(1) 均值。

随机过程 $\xi(t)$ 的均值或称数学期望,定义为

$$E[\xi(t)]=\int_{-\infty}^{\infty} x f_1(x,t)\mathrm{d}x \tag{2.18}$$

在任意给定时刻 t_1 的取值是一个随机变量,其均值 $\xi(t_1)$ 是一个随机变量,其概率密度函数为 $f_1(x_1,t_1)$,则 $\xi(t_1)$ 的均值为

$$E[\xi(t_1)]=\int_{-\infty}^{\infty} x_1 f_1(x_1,t_1)\mathrm{d}x_1$$

由于 t_1 是任取的,所以可以把 t_1 直接写成 t,x_1 改为 x,这时上式就变为随机过程在任意时刻 t 的均值。

(2) 方差。

随机过程的方差定义为

$$D[\xi(t)]=E\{[\xi(t)-a(t)]^2\} \tag{2.19}$$

$D[\xi(t)]$ 常记为 $\sigma^2(t)$。这里也把任意时刻 t_1 直接写成了 t。因为

$$D[\xi(t)]=E[\xi^2(t)-2a(t)\xi(t)+a^2(t)]=E[\xi^2(t)]-2a(t)E[\xi^2(t)]+a^2(t)$$
$$=E[\xi^2(t)]-a^2(t) \tag{2.20}$$

所以,方差等于均方值与均值平方之差,它表示随机过程在时刻 t 相对于均值 $a(t)$ 的偏离程度。

(3) 相关函数。

均值和方差都只与随机过程的一维概率密度函数有关,因而它们只是描述了随机过程在各个孤立时刻的特征,而不能反映随机过程内在的联系。为了衡量随机过程在任意两个时刻上获得的随机变量之间的关联程度,常采用相关函数 $R(t_1,t_2)$。

随机过程 $\xi(t)$ 的相关函数定义为

$$R(t_1,t_2)=E[\xi(t_1)\xi(t_2)]=\int_{-\infty}^{\infty}\int_{-\infty}^{\infty} x_1 x_2 f_2(x_1,x_2;t_1,t_2)\mathrm{d}x_1 \mathrm{d}x_2 \tag{2.21}$$

式中:$\xi(t_1)$ 和 $\xi(t_2)$ 分别是在 t_1 和 t_2 时刻观测得到的随机变量。

可以看出,$R(t_1,t_2)$ 是两个变量 t_1 和 t_2 的确定函数。

如果把相关函数的概念引申到两个或多个随机过程,可以得到互相关函数。设 $\xi(t)$ 和 $\eta(t)$ 分别表示两个随机过程,则互相关函数定义为

$$R_{\xi\eta}(t_1,t_2) = E[\xi(t_1)\eta(t_2)] \tag{2.22}$$

与此相比,由于 $R(t_1,t_2)$ 是衡量同一过程的相关程度,所以称它为自相关函数。若 $t_2 > t_1$,并令 $\tau = t_2 - t_1$,则相关函数 $R(t_1,t_2)$ 可表示为 $R(t_1,t_1+\tau)$,说明相关函数是 t_1 和 τ 的函数。

2.3.2 平稳随机过程

平稳随机过程是在固定时间和位置的概率分布与所有时间和位置的概率分布相同的随机过程,即随机过程的统计特性不随时间的推移而变化,因此数学期望和方差这些参数不随时间和位置变化。平稳随机过程或者严平稳随机过程,又称为狭义平稳过程。平稳随机过程是一类应用非常广泛的随机过程,在通信系统的研究中有着极其重要的意义。

若一个随机过程 $\xi(t)$ 的任意有限维分布函数与时间起点无关,也就是说,对于任意的正整数 n 和所有实数 Δ,有

$$f_n(x_1,x_2,\cdots,x_n;t_1,t_2,\cdots,t_n) = f_n(x_1,x_2,\cdots,x_n;t_1+\Delta,t_2+\Delta,\cdots,t_n+\Delta) \tag{2.23}$$

则称该随机过程是在严格意义下的平稳随机过程,简称严平稳随机过程。

该定义表明,平稳随机过程的统计特性不随时间的推移而改变,即它的一维分布函数与时间 t 无关:

$$f_1(x_1,t_1) = f_1(x_1) \tag{2.24}$$

而二维分布函数只与时间间隔 $\tau = t_2 - t_1$ 有关:

$$f_2(x_1,x_2;t_1,t_2) = f_2(x_1,x_2;\tau) \tag{2.25}$$

随着概率密度函数的简化,平稳随机过程 $\xi(t)$ 的一些数字特征也可以相应地简化,其均值和自相关函数分别为

$$E[\xi(t)] = \int_{-\infty}^{\infty} x_1 f_1(x_1)\mathrm{d}x_1 = a \tag{2.26}$$

$$R(t_1,t_2) = E[\xi(t_1)\xi(t_1+\tau)] = \int_{-\infty}^{\infty}\int_{-\infty}^{\infty} x_1 x_2 f_2(x_1,x_2;\tau)\mathrm{d}x_1\mathrm{d}x_2 = R(\tau) \tag{2.27}$$

可见,平稳随机过程 $\xi(t)$ 具有简明的数字特征:

(1) 其均值与 t 无关,为常数 a;

(2) 自相关函数只与时间间隔 $\tau = t_2 - t_1$ 有关,即 $R(t_1,t_1+\tau) = R(\tau)$。

把同时满足(1)和(2)的过程定义为广义平稳随机过程。

显然,严平稳随机过程必定是广义平稳的,反之不一定成立。在通信系统中所遇到的信号及噪声,大多数可视为平稳随机过程。因此,研究平稳随机过程有着很大的实际意义。以后讨论的随机过程除特殊说明外,均假定是平稳的,且均指广义平稳随机过程,简称平稳随机过程。

平稳过程自相关函数具有如下主要性质:

(1) $R(0) = E[\xi^2(t)]$,表示 $\xi(t)$ 的平均功率;

(2) $R(\tau) = R(-\tau)$,表示 τ 的偶函数;

(3) $|R(\tau)| \leqslant R(0)$,表示 $R(\tau)$ 的上界,即自相关函数 $R(\tau)$ 在 $\tau=0$ 有最大值;

(4) $R(\infty) = E^2[\xi(t)] = a^2$,表示 $\xi(t)$ 的直流功率;

(5) $R(0) - R(\infty) = \sigma^2$,$\sigma^2$ 是方差,表示平稳过程 $\xi(t)$ 的交流功率。当均值为 0

时,$R(0) = \sigma^2$。

2.3.3 高斯白噪声和带限白噪声

分析通信系统的抗噪声性能,常用高斯白噪声作为通信信道中的噪声模型。通信系统中常见的热噪声近似为白噪声,且热噪声的取值恰好服从高斯分布。实际信道或滤波器的带宽存在一定限制,白噪声通过后得到带限噪声,若其谱密度在通带范围内仍具有白色特性,则称其为带限白噪声,它又可以分为低通白噪声和带通白噪声。

1. 白噪声

如果噪声的功率谱密度在所有频率上均为一常数,即

$$P_n(f) = \frac{n_0}{2} \quad (-\infty < f < +\infty) \quad (\text{W/Hz}) \quad (\text{双边功率谱密度}) \tag{2.28}$$

或

$$P_n(f) = n_0 \quad (0 < f < +\infty) \quad (\text{W/Hz}) \quad (\text{单边功率谱密度}) \tag{2.29}$$

式中:n_0 为正常数,称该噪声为白噪声,用 $n(t)$ 表示。

对双边功率谱密度取傅里叶逆变换,得到白噪声的自相关函数:

$$R(\tau) = \frac{n_0}{2} \delta(\tau) \tag{2.30}$$

对于所有的 $\tau \neq 0$ 都有 $R(\tau) = 0$,表明白噪声仅在 $\tau = 0$ 时才相关,而任意两个时刻(即 $\tau \neq 0$)的随机变量都是互不相关的。白噪声的自相关函数如图 2.3 所示。

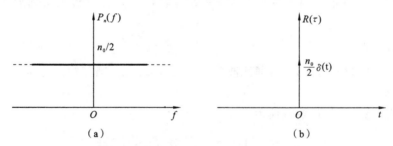

图 2.3　白噪声的功率谱密度和自相关函数

(a) 功率谱密度;(b) 自相关函数

由于白噪声带宽无限,其平均功率为无穷大,即

$$R(0) = \int_{-\infty}^{\infty} \frac{n_0}{2} \mathrm{d}f = \infty$$

$$R(0) = \frac{n_0}{2} \delta(0) = \infty$$

因此,真正"白"的噪声是不存在的,它只是构造的一种理想化的噪声形式。实际中,只要噪声的功率谱均匀分布的频率范围远远大于通信系统的工作频带,我们就可以把它视为白噪声。如果白噪声取值的概率分布服从高斯分布,则称为高斯白噪声。高斯白噪声在任意两个不同时刻上的随机变量之间,不仅是互不相关的,而且还是统计独立的。

2. 低通白噪声

如果白噪声通过理想矩形的低通滤波器或理想低通信道,则输出的噪声称为低通白噪声,

也用 $n(t)$ 表示。假设理想低通滤波器具有模为 1、截止频率为 $|f| \leqslant f_H$ 的传输特性,则低通白噪声对应的功率谱密度为

$$P_n(f) = \begin{cases} \dfrac{n_0}{2}, & |f| \leqslant f_H \\ 0, & \text{其他} \end{cases} \tag{2.31}$$

自相关函数为

$$R(\tau) = n_0 f_H \frac{\sin 2\pi f_H \tau}{2\pi f_H \tau} \tag{2.32}$$

白噪声的功率谱密度被限制在 $|f| \leqslant f_H$ 内,通常把这样的噪声也称为带限白噪声。带限白噪声的功率谱密度和自相关函数曲线如图 2.4 所示。

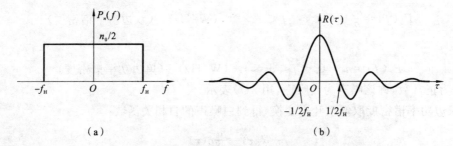

（a）　　　　　　　　　　　　　　　（b）

图 2.4　带限白噪声的功率谱密度和自相关函数
(a) 功率谱密度;(b) 自相关函数

由曲线看出,这种带限白噪声只有在 $\tau = k/2f_H (k=1,2,3,\cdots)$ 上得到的随机变量才不相关。

3. 带通白噪声

如果白噪声通过理想矩形的带通滤波器或理想带通信道,则其输出的噪声称为带通白噪声,仍用 $n(t)$ 表示。

设理想带通滤波器的传输特性为

$$H(f) = \begin{cases} 1, & f_c - \dfrac{B}{2} \leqslant |f| \leqslant f_c + \dfrac{B}{2} \\ 0, & \text{其他 } f \end{cases}$$

式中:f_c 为中心频率;B 为通带宽度。则其输出噪声的功率谱密度为

$$P_n(f) = \begin{cases} \dfrac{n_0}{2}, & f_c - \dfrac{B}{2} \leqslant |f| \leqslant f_c + \dfrac{B}{2} \\ 0, & \text{其他 } f \end{cases} \tag{2.33}$$

自相关函数为

$$R(\tau) = \int_{-\infty}^{\infty} P_n(f) e^{j2\pi f\tau} \mathrm{d}f = \int_{-f_c-\frac{B}{2}}^{-f_c+\frac{B}{2}} \frac{n_0}{2} e^{j2\pi f\tau} \mathrm{d}f + \int_{f_c-\frac{B}{2}}^{f_c+\frac{B}{2}} \frac{n_0}{2} e^{j2\pi f\tau} \mathrm{d}f$$

$$= n_0 B \frac{\sin \pi B\tau}{\pi B\tau} \cos 2\pi f_c \tau \tag{2.34}$$

通常,带通滤波器的 $B \ll f_c$,因此称为窄带滤波器,相应地把带通白高斯噪声称为窄带高斯白噪声。

2.4 信道

信道是指以传输媒质为基础的信号通道,是通信系统必不可少的组成部分,对系统性能起着至关重要的作用。本节从不同的角度对信道进行分类,并从数学分析的角度将实际信道抽象为信道模型,研究不同信道的特点及其对信号传输的影响;对几种主要的具体信道作了说明,还介绍了信道容量有关的概念。

2.4.1 信道的定义和分类

信道:连接发送端和接收端通信设备之间的传输媒介,把信号从发送端传输到接收端,以传输媒质为基础的信号通道。信道的定义如图 2.5 所示。

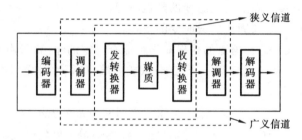

图 2.5 信道的定义

狭义信道:即信号的传输媒质。

广义信道:除传输媒质外,还包括通信系统中有关的电路或部件,如收发设备、天馈线、调制解调器等。

按照传输媒质,信道可以分为有线信道和无线信道。

有线信道:架空明线、双绞线、覆线、多芯屏蔽线、同轴电缆、光缆等。

无线信道:中长波地波传播、短波电离层反射、超短波及微波视距传播、人造卫星中继、超短波流星余迹散射及移动无线电信道等。

按传输媒质特性,信道可以分为恒参信道和变参信道。

恒参信道:传输媒质特性不随时间变化而变化,或者变化极其缓慢。

变参信道(也称随参信道):传输媒质的特性随着时间变化而变化。按信道的定义,信道可以分为狭义信道和广义信道,其中广义信道又可以分为调制信道和编码信道。

2.4.2 信道数学模型

信道的数学模型用来表征实际物理信道的特性,它对通信系统的分析和设计是十分方便的。下面简要描述调制信道和编码信道这两种广义信道的数学模型,如图 2.6 所示。

1. 调制信道的模型

调制信道是为研究调制与解调问题所建立的一种广义信道,它所关心的是调制信道输入信号形式和已调信号通过调制信道后的最终结果,而对于调制信道内部的变换过程并不关心。

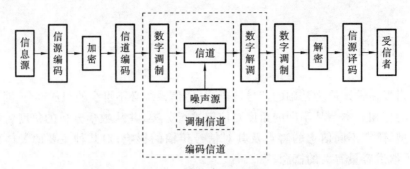

图 2.6 信道的数学模型

调制信道具有如下特点：

（1）有一对（或多对）输入端和一对（或多对）输出端；

（2）绝大多数的信道都是线性的，即满足线性叠加原理；

（3）信号通过信道具有固定的或时变的延迟时间；

（4）信号通过信道会受到固定的或时变的损耗；

（5）即使没有信号输入，在信道的输出端仍可能有一定的输出（噪声）。

根据以上特点，调制信道可以用一个二端口（或多端口）线性时变网络来表示，这个网络便称为调制信道模型，如图 2.7 所示。

图 2.7 调制信道模型

输出与输入之间的关系可表示成：
$$e_o(t) = c(t) * e_i(t) + n(t) = f[e_i(t)] + n(t)$$
假定能把 $f[e_i(t)]$ 写为 $k(t)e_i(t)$ 的形式，即
$$e_o(t) = k(t)e_i(t) + n(t) \tag{2.35}$$

则 $k(t)e_i(t)$ 称为乘性干扰，$n(t)$ 称为加性干扰。乘性干扰是一个复杂的函数，它可能包括各种线性畸变、非线性畸变，其延迟特性和损耗特性随时间作随机变化。

因 $k(t)$ 作随机变化，故又称信道为随参信道。

若 $k(t)$ 变化很慢或很小，则称信道为恒参信道。

乘性干扰特点：当没有信号时，没有乘性干扰。

2. 编码信道模型

编码信道包括调制信道、调制器和解调器，它与调制信道模型有明显的不同，是一种数字信道或离散信道。编码信道输入的是离散时间信号，输出的也是离散时间信号，对信号的影响则是将输入数字序列变成另一种输出数字序列。由于信道噪声或其他因素的影响，将导致输出数字序列发生错误，因此输入与输出数字序列之间的关系可以用一组转移概率来表征。二进制数字传输系统的一种简单的编码信道模型如图 2.8 所示。

图中 $P(0)$ 和 $P(1)$ 分别是发送"0"符号和"1"符号的先验概率；$P(0/0)$ 与 $P(1/1)$ 是正确转移的概率，而 $P(1/0)$ 与 $P(0/1)$ 是错误转移概率。信道噪声越大将导致输出数字序列发生错误越多，则错误转移概率

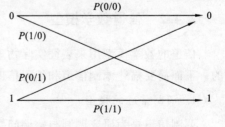

图 2.8 二进制编码信道模型

$P(1/0)$ 与 $P(0/1)$ 也就越大;反之,错误转移概率 $P(1/0)$ 与 $P(0/1)$ 就越小。输出总的错误概率为

$$P_e = P(0)P(1/0) + P(1)P(0/1)$$

在图 2.8 所示的二进制编码信道模型中,由于信道噪声或其他因素影响导致输出数字序列发生错误是统计独立的,因此这种信道是无记忆编码信道。根据无记忆编码信道的性质可以得到:

$$P(0/0) + P(1/0) = 1$$
$$P(1/1) + P(0/1) = 1$$

由二进制无记忆编码信道模型,可以容易地推广到多进制无记忆编码信道模型。例如,四进制编码信道模型如图 2.9 所示。

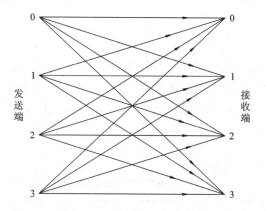

图 2.9 四进制编码信道模型

还应说明的是,编码信道是建立在调制信道基础上的。调制信道的传输特性也同样是编码信道的基础。

【例 2.1】 图 2.5 所示的信道中,发送端 $P(0) = P(1) = 1/2$, $P(0/0) = 0.99$, $P(1/1) = 0.999$,求输出端 $P_e = ?$

解 根据式 $P_e = P(0)P(1/0) + P(1)P(0/1)$ 可求出:
$$P_e = 1/2 \times (0.01 + 0.001) = 0.0055$$

2.4.3 恒参信道和随参信道

1. 恒参信道

(1) 有线信道。

一般的有线信道均可看作是恒参信道。常见的有线信道的媒介有明线、对称电缆和同轴电缆等。明线是平行且相互绝缘的架空线路,其传输损耗较小,通频带在 0.3 kHz～27 kHz 之间;对称电缆是在同一保护套内有许多对相互绝缘的双导线的电缆,其传输损耗比明线的大得多,通频带在 12 kHz～250 kHz 之间。为了减小各对导线之间的干扰,每一对导线都做成扭绞形状,称为双绞线,如图 2.10 所示。

同轴电缆由同轴的两个导体组成,外导体是一个圆柱形的空管,通常由金属丝编织而成,内导体是金属芯线,内外导体之间填充着介质(塑料或者空气)。通常在一个大的保护套内安

装若干根同轴线管芯,还装入一些二芯绞线或四芯线组用作传输控制信号。同轴线的外导体是接地的,对外界干扰起到屏蔽作用。同轴电缆分为小同轴电缆和中同轴电缆。小同轴电缆的通频带在 60 kHz～4100 kHz 之间,增音段长度约为 8 km 和 4 km;中同轴电缆的通频带在 300 kHz～60000 kHz 之间,增音段长度约为 6 km、4.5 km 和 1.5 km。同轴电缆如图 2.11 所示。

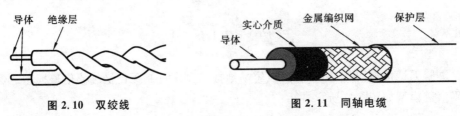

图 2.10　双绞线　　　　　　　　图 2.11　同轴电缆

（2）光纤信道。

传输光信号的有线信道是光导纤维信道,简称光纤信道。光纤信道是以光纤为传输媒质、以光波为载波的信道,具有极宽的通频带,能够提供极大的传输容量。光纤是由华裔科学家高锟发明的,他被称为"光纤之父"。最早出现的光纤是由折射率不同的两种导光介质(高纯度的石英玻璃)纤维制成的。其内层称为纤芯,在纤芯外包有另一种折射率的介质,称为包层,如图 2.12 所示。

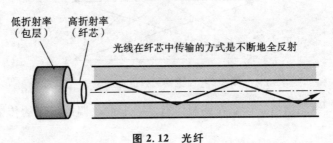

图 2.12　光纤

由于光纤的物理性质非常稳定且不受电磁干扰,因此光纤信道的性质非常稳定,可以看作是典型的恒参信道。光纤的特点是损耗低、通频带宽、重量轻、不怕腐蚀以及不受电磁干扰等。利用光纤代替电缆可节省大量有色金属。目前的技术可使光纤的损耗低于 0.1 dB/km,随着科学技术的发展这个数字还会下降。

（3）无线电视距中继信道。

无线电视距中继通信工作在超短波和微波波段,利用定向天线实现视距直线传播。由于直线视距一般为 40 km～50 km,因此需要中继方式实现长距离通信。相邻中继站间距离为直线视距。由于中继站之间采用定向天线实现点对点的传输,并且距离较短,因此传播条件比较稳定,可以看作是恒参信道。这种系统具有传输容量大、发射功率小、通信可靠稳定等特点。例如,若视距为 50 km,则每间隔 50 km 将信号转发一次,如图 2.13 所示。

（4）卫星中继通信。

卫星通信是利用人造地球卫星作为中继转发站实现的通信。当人造地球卫星的运行轨道在赤道平面上、距离地面 35860 km 时,其绕地球一周的时间为 24 h,在地球上看到的该卫星是相对静止的,因此称为地球同步卫星。利用它作为中继站,一颗同步卫星能以零仰角覆盖全球表面的 42%。采用三颗经度相差 120° 的同步卫星作中继站就可以几乎覆盖全球范围(除

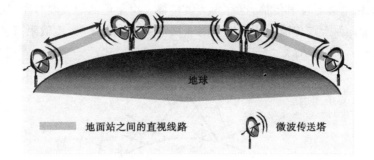

图 2.13 微波中继信道

南、北两极盲区外）。利用三颗这样的静止卫星作为转发站就能覆盖全球,保证全球通信,如图2.14所示。

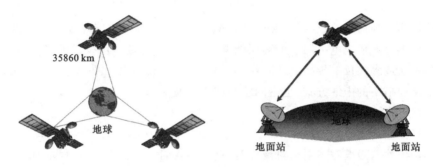

图 2.14 卫星中继信道

由于同步卫星通信的电磁波直线传播,因此其信道传播性能稳定可靠、传输距离远、容量大、覆盖地域广,广泛用于传输多路电话、数据和电视节目,还支持 Internet 业务。同步卫星中继信道可以看作是恒参信道。

目前在民用无线电通信中,应用最广的是蜂窝网和卫星通信。蜂窝网工作在特高频(UHF)频段,而卫星通信则工作在特高频和超高频(SHF)频段,其电磁波传播是利用视线传播方式,但是在地面和卫星之间的电磁波传播要穿过电离层。

2. 随参信道

无线通信中的移动信道及由短波电离层反射、超短波流星余迹散射、超短波及微波对流层散射、超短波电离层散射以及超短波视距绕射等传输媒质分别所构成的调制信道(模拟信道),上述传输媒介性质的随机变化和电磁波信号的多径传输使得信道特性随机变化,因此这些信道的模型应该属于随参信道模型。下面介绍两种典型的随参信道。

(1) 短波电离层反射信道。

波长为 $10 \sim 100$ m 的无线电波称为短波(其相应频率为 3 MHz～30 MHz)。短波可以沿着地面传播,简称为地波传播。频率较低的电磁波趋于沿弯曲的地球表面传播,有一定的绕射能力。在低频和甚低频段,地波能够传播超过数千米或数千千米,如图2.15所示。

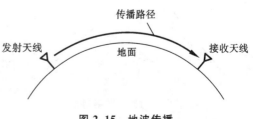

图 2.15 地波传播

电磁波可以由电离层反射传播,也称为天波传播。由于地面的吸收作用,地波传播的距离较短,为几十千米。而天波传播由于经电离层一次反射或多次反射,传输距离可达几千千米甚至上万千米,如图 2.16 所示。

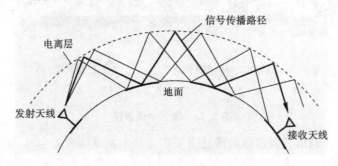

图 2.16 天波传播

电离层为距离地面 60 km～600 km 的大气层。在太阳辐射的紫外线和 X 射线的作用下,大气分子产生电离而形成电离层。电离层能够反射短波电磁波。由发送天线发出的短波信号经由电离层一次或多次反射传播到接收端,如同经过一次或多次无源中继。很显然,这种中继既不同于卫星通信中的中继方式,也不同于微波中继通信的中继方式。

(2) 对流层散射信道。

对流层是离地面 10 km～12 km 的大气层。在对流层中由于大气湍流运动等因素将引起大气层的不均匀性。当电磁波射入对流层时,这种不均匀性就会引起电磁波的散射,也就是漫反射,部分电磁波向接收方向散射,起到中继作用。通常一跳的通信距离为 100 km～500 km,对流层的性质受许多因素的影响随机变化;另外,对流层不是一个平面而是一个散体,电波信号经过对流层散射也会产生多径传播,故对流层散射信道也是随参信道。对流层散射通信如图 2.17 所示。

流星经过大气层时产生很强的电离余迹使电磁波散射的现象称为流星余迹散射。流星余迹的高度为 80 km～120 km,余迹长度为 15 km～40 km。流星余迹散射的频率范围为30 MHz～100 MHz,传播距离可达 1000 km 以上。一条流星余迹的存留时间在十分之几秒到几分钟之间,但是空中随时都有大量的人们肉眼看不见的流星余迹存在,能够随时保证信号断续地传输。所以,流星余迹散射通信只能用低速存储、高速突发的断续方式传输数据。流星余迹散射通信如图 2.18 所示。

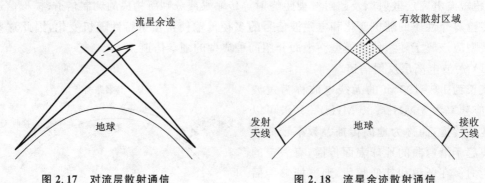

图 2.17 对流层散射通信   图 2.18 流星余迹散射通信

多径传播是从发射机天线发射的无线电波(信号),沿两个或多个路径到达接收机天线的传播现象。在 FM(调频)无线电广播中,在发射台和接收机之间,信号出现了两个或更多个传播途径的情况。多径传播效应是由于大型建筑物或山脉反射信号所引起的。接收天线将会收到直达信号和经反射而有延迟的信号。多径效应会产生失真,在收看电视节目时,多径传播效应便会让图像出现"重影"。多径形式示意图如图 2.19 所示。

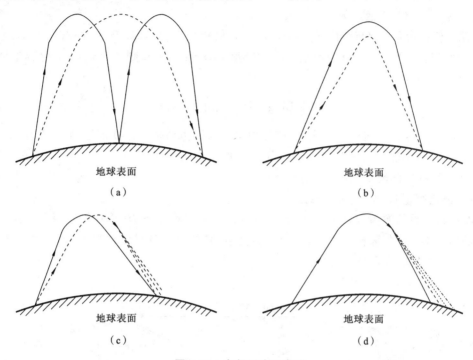

图 2.19　多径形式示意图

(a)一次反射和两次反射形成的两条路径;(b)反射高度不同形成的两条路径;
(c)寻常波与非寻常波形成的多径;(d)漫射现象形成多径

多径效应(multipath effect):指电磁波经不同路径传播后,各分量到达接收端时间不同,按各自相位相互叠加而造成干扰,使得原来的信号失真,或者产生错误。

2.4.4　信道容量

信道容量是指信道能够传输的最大平均信息速率。由于信道分为连续信道和离散信道两类,信道容量的描述方法也不同。离散信道的容量有两种不同的度量单位:一种是用每个符号能够传输的平均信息量最大值表示信道容量 C;另一种是用单位时间(秒)内能够传输的平均信息量最大值表示信道容量 C_t。这两者之间可以互换。

噪声会影响信号在信道中的传输,即影响信道的有效性。"信道"也是信息论研究的对象,香农信息论认为,不论何种信道,如有线信道、无线信道、恒参信道还是变参信道,各种物理信道都存在传送信息量的最大极限。香农信息论针对离散无记忆信道(DMC),在假设信号是随机变量,同时假设信道中存在高斯白噪声干扰下,分析信道所能达到的极限信息传输速率,而得到了信道容量公式:

$$C = B\log_2\left(1+\frac{S}{N}\right) \text{ (b/s)} \tag{2.36}$$

式中:B 表示信道带宽,Hz;S/N 表示信噪比(信号能量/噪声能量);C 是信道容量,b/s。称这一公式为信道容量定理。该定理说明了信道能传送的最大信息量,即信道所能无差错传送的最高比特速率的理论极限,再好的设备也只能接近,而不可能超越。设计与研制尽可能接近这一理论极限的通信系统,包括设计信号结构和系统模型,则是通信工程师一直在努力的目标。这是我们应建立的关于信道的一个重要概念。

在保持信道容量 C 不变的条件下,带宽 B 和信噪比 S/N 可以互换,即若增大 B,可以降低 S/N,而保持 C 不变。设噪声单边功率谱密度为 n_0(W/Hz),则 $N = n_0 B$;信道容量公式可以改写为

$$C = B\log_2\left(1 + \frac{S}{n_0 B}\right) \text{ (b/s)} \tag{2.37}$$

连续信道的容量 C 与信道带宽 B、信号功率 S 及噪声功率谱密度 n_0 三个因素有关。增大信号功率 S 或减小噪声功率谱密度 n_0,都可以使信道容量 C 增大。当 $S \to \infty$ 或 $n_0 \to 0$ 时,$C \to \infty$。然而,在实际通信系统中,信号功率 S 不可能为无穷大,噪声功率谱密度 n_0 也不会等于 0,所以信道容量 C 也不可能达到无穷大。

【例 2.2】 设信源由两种符号"0"和"1"组成,符号传输速率为 1000 符号/秒,且这两种符号的出现概率相等,均等于 1/2。信道为对称信道,其传输的符号错误概率为 1/128。试画出此信道模型,并求此信道的容量 C 和 C_t。

解 此信道模型如图 2.20 所示。

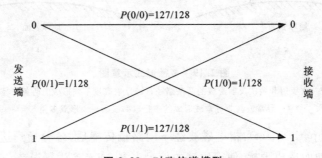

图 2.20 对称信道模型

此信源的平均信息量(熵)为

$$H(x) = -\sum_{i=1}^{n} P(x_i)\log_2 P(x_i) = -\left(\frac{1}{2}\log_2\frac{1}{2} + \frac{1}{2}\log_2\frac{1}{2}\right) \text{bit/sym} = 1 \text{ bit/sym}$$

而条件信息量可以写为

$$H(x/y) = -\sum_{j=1}^{m} P(y_j)\sum_{i=1}^{n} P(x_i/y_j)\log_2 P(x_i/y_j)$$

$$= -\{P(y_1)[P(x_1/y_1)\log_2 P(x_1/y_1) + P(x_2/y_1)\log_2 P(x_2/y_1)]$$

$$+ P(y_2)[P(x_1/y_2)\log_2 P(x_1/y_2) + P(x_2/y_2)\log_2 P(x_2/y_2)]\}$$

现在 $P(x_1/y_1) = P(x_2/y_2) = 127/128$,$P(x_1/y_2) = P(x_2/y_1) = 1/128$,并且考虑到 $P(y_1) + P(y_2) = 1$,所以上式可以改写为

$$H(x/y) = -[P(x_1/y_1)\log_2 P(x_1/y_1) + P(x_2/y_1)\log_2 P(x_2/y_1)]$$

$$= -[(127/128)\log_2(127/128) + (1/128)\log_2(1/128)]$$

$$= -[(127/128)\times 0.01 + (1/128)\times(-7)] \approx -[0.01 - 0.055] = 0.045$$

平均信息量/符号$=H(x)-H(x/y)=(1-0.045)$ bit/sym$=0.955$ bit/sym

因传输错误每个符号损失的信息量为

$$H(x/y)=0.045 \text{ bit/sym}$$

信道的容量 C 为

$$C=\max_{P(x)}[H(x)-H(x/y)]=0.955 \text{ bit/sym}$$

信道的容量 C_t 为

$$C_t=\max_{P(x)}\{r[H(x)-H(x/y)]\}=1000\times0.955 \text{ b/s}=955 \text{ b/s}$$

【例 2.3】 设一幅黑白数字照片有 400 万个像素,每个像素有 16 个亮度等级。若用 3 kHz带宽的信道传输它,且信号噪声功率比等于 20 dB,试问需要传输多少时间?

解 因每个像素有 16 个亮度等级,则每个像素的信息量为

$$I_i=\log_2\frac{1}{P(x_i)}=\log_2 16 \text{ b}=4 \text{ b}$$

一幅相片的信息量为

$$I_F=400\times10^4\times I_i=16 \text{ Mb}$$

$$C=B\log_2(1+S/N)=3\times10^3\times\log_2(1+100) \text{ b/s}=19980 \text{ b/s}$$

$$t_{\min}=\frac{I_{\text{total}}}{C}=\frac{16 \text{ Mb}}{19980 \text{ b/s}}=800.8 \text{ s}$$

注:$\log_2(1+100)\approx6.66$。

【例 2.4】 已知黑白电视图像信号每帧有 30 万个像素,每个像素有 8 个亮度电平,各电平独立地以等概率出现,图像每秒发送 25 帧。若要求接收图像信噪比达到 30 dB,试求所需传输带宽。

解 因为每个像素独立地以等概率取 8 个亮度电平,故每个像素的信息量为

$$I_p=-\log_2(1/8) \text{ b/pix}=3 \text{ b/pix}$$

并且每帧图像的信息量为

$$I_F=300000\times3 \text{ b/F}=900000 \text{ b/F}$$

因为每秒传输 25 帧图像,所以要求传输速率为

$$R_b=900000\times25=22500000 \text{ b/s}=22.5\times10^6 \text{ b/s}$$

信道的容量 C_t 必须不小于此 R_b 值。将上述数值代入式(2.36):

$$C_t=B\log_2(1+S/N)$$

得到

$$22.5\times10^6=B\log_2(1+1000)\approx9.97 \text{ B}$$

最后得出所需带宽:

$$B=(22.5\times10^6)/9.97 \text{ Hz}\approx2.26 \text{ MHz}$$

注:$\log_2(1+1000)\approx9.97$。

习　　题

1. 简述信号和系统的分类。

2. 什么是确定信号?

3. 试分别说明能量信号和功率信号的特性。

4. 试描述信号的四种频率特性分别适用于何种信号。

5. 自相关函数有哪些性质?

6. 什么是狭义信道? 什么是广义信道? 请举例说明。

7. 信道根据其性质通常可以分为几类? 分别是什么?

8. 信道有哪几种?

9. 试述信道容量的定义?

10. 试写出连续信道容量的表达式,由此式看出信道容量的大小取决于哪些参量?

11. 具有 4 kHz 带宽的某高斯信道,若信道中信号功率与噪声功率之比为 63,试计算其信道容量。

(注:$\log_2 x = 3.32 \lg x$)

12. 某个信息源由 A、B、C、D 4 个符号组成。设每个符号独立出现,其出现概率分别为 1/4、1/4、3/16、5/16,经过信道传输后,每个符号正确接收的概率为 1021/1024,错为其他符号的条件概率 $P(x_i/y_i)$ 均为 1/1024,试求出该信道的容量 C。

13. 若上题中的 4 个符号分别用二进制码组 00、01、10、11 表示,每个二进制码元用宽度为 0.5 ms 的脉冲传输,试求出该信道的容量 C_t。

答　案

1. 信号的分类:① 数字信号与模拟信号;② 周期信号与非周期信号;③ 确知信号与随机信号;④ 能量信号与功率信号。

系统的分类:① 线性系统与非线性系统;② 时不变系统与时变系统;③ 物理可实现系统与物理不可实现系统。

2. 确定信号是指可以用确定的函数表达式表示出来的信号。

3. 能量信号的能量为有限的正值,但其功率等于零;功率信号的能量为无穷大,其平均功率为有限值。

4. 功率信号的频谱适合于功率有限的周期信号;能量信号的频谱密度适合于能量信号;能量信号的能谱密度适合于能量信号;功率信号的功率频谱适合于功率信号。

5. (1) 自相关函数是偶函数。(2) 与信号的能谱密度函数或功率谱密度函数是傅里叶变换对的关系。(3) 当 $I = 0$ 时,$R(0)$ 等于信号的平均功率或信号的能量。

6. 信道:连接发送端和接收端通信设备之间的传输媒介,把信号从发送端传输到接收端,以传输媒质为基础的信号通道。狭义信道:即信号的传输媒质;广义信道:除传输媒质外,还包括通信系统中有关的电路或部件,如收发设备、天馈线、调制解调器等。

7. 按照传输媒质,信道可以分为有线信道和无线信道。

有线信道:架空明线、双绞线、覆线、多芯屏蔽线、同轴电缆、光缆等信道。

无线信道:中长波地波传播、短波电离层反射、超短波及微波视距传播、人造卫星中继、超短波流星余迹散射及移动无线电信道等信道。

按传输媒质特性,信道可以分为恒参信道和变参信道。

恒参信道:传输媒质特性不随时间变化而变化,或者变化极其缓慢。

变参信道(也称随参信道):传输媒质的特性随着时间变化而变化,按信道的定义,信道分为狭义信道和广义信道,其中广义信道又可分为调制信道和编码信道。

8. 信道可以分为离散信道和连续信道。

9. 信道容量是指信道能够传输的最大平均信息量。

10. 连续信道的信道容量计算式为:$C_t = B\log_2(1+S/N)$(b/s),可以看出信道容量与信道的带宽 B、信号的平均功率 S 和噪声的平均功率 N 有关。

11. 24×10^3 b/s

12. $C=1.967$ bit/sym

13. $C_t=1967$ b/s

3　模拟调制系统

调制在通信系统中的作用至关重要。从语音、图像等信息源直接转换得到的电信号是频率很低的电信号,这类信息称为基带信号。通常基带信号不适合直接在信道中传输,因此在通信系统的发射端需将基带信号的频谱搬移(调制)到适合信道传输的频率范围内,而在接收端,再将它们搬移(解调)到原来的频率范围,这就是调制和解调。

所谓调制,就是用调制信号去控制载波的参数的过程,使载波的某一个或几个参数按照调制信号的规律而变化。调制信号是指来自信息源的消息信号(基带信号),这些信号可以是模拟的,也可以是数字的。没有经过调制的周期性振荡信号称为载波,它可以是正弦波或余弦波,也可以是周期性脉冲序列。载波调制后称为已调信号,它含有调制信号的全部特征。解调则是调制的逆过程,其作用是恢复调制信号。

调制方式有很多种,本章着重讲述幅度调制(线性调制)和角度调制(非线性调制)。

3.1　幅度调制(线性调制)的原理

幅度调制是由调制信号去控制高频载波的幅度,使之随调制信号作线性变化的过程。

设正弦型载波为

$$c(t) = A\cos(\omega_c t + \varphi_0) \tag{3.1}$$

式中:A 为载波幅度;ω_c 为载波角频率;φ_0 为载波初始相位(以后假定为 0)。

根据调制定义,幅度调制信号(已调信号)一般可表示为

$$s_m(t) = Am(t)\cos\omega_c t \tag{3.2}$$

式中:$m(t)$ 为基带调制信号。

设调制信号 $m(t)$ 的频谱为 $M(\omega)$,则由式(3.2)不难得到已调信号的频谱:

$$S_m(\omega) = \frac{A}{2}[M(\omega + \omega_c) + M(\omega - \omega_c)] \tag{3.3}$$

由以上表示式可见,在波形上,已调信号的幅度随基带信号的规律而正比地变化;在频谱结构上,它的频谱完全是基带信号频谱在频域内的简单搬移(精确到常数因子)。由于这种搬移是线性的,因此,幅度调制通常又称为线性调制。但应注意,这里的"线性"并不意味着已调信号与调制信号之间符合线性变换关系。事实上,任何调制过程都是一种非线性的变换过程。

3.1.1　幅度调制(AM)

幅度调制(AM)是指用调制信号去控制高频载波的幅度,使其随调制信号呈线性变化的过程。AM 信号的数学模型如图 3.1 所示。

图中,$m(t)$ 为调制信号,A_0 为外加直流分量。若 $m(t)$ 为确知信号,则 AM 信号的时域信

号为
$$s_m(t)=[m(t)+A_0]\cos\omega_c t$$

对应的频谱为
$$S_{AM}(\omega)=\pi A_0[\delta(\omega+\omega_c)+\delta(\omega-\omega_c)]$$
$$+\frac{1}{2}[M(\omega+\omega_c)+M(\omega-\omega_c)] \quad (3.4)$$

图 3.1　AM 调制模型

其典型波形和频谱如图 3.2 所示。

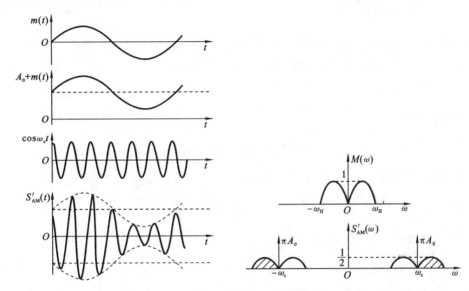

图 3.2　调幅过程的波形及频谱

由波形图可以看出,当满足条件:
$$|m(t)|_{max}\leqslant A_0 \quad (3.5)$$

AM 波的包络与调制信号的形状完全一致。因此,用包络检波的方法很容易恢复出原始调制信号,但当出现"过调幅"现象时用包络检波将发生失真,此时可以采用其他解调方法,如同步检波(相干解调)。

由频谱可以看出,AM 信号的频谱由载频分量、上边带、下边带三部分组成。上边带的频谱结构与原调制信号的频谱结构相同,下边带是上边带的镜像。因此,AM 信号是带有载波分量的双边带信号,它的带宽是基带信号带宽的 2 倍,即
$$B_{AM}=2f_H \quad (3.6)$$

AM 信号的幅度调制(AM)的平均功率应等于 $S_{AM}(t)$ 的均方值。当 $m(t)$ 为确知信号时,$s_{AM}(t)$ 的均方值即为其平方的时间平均,即
$$P_{AM}=\overline{S_{AM}^2(t)}=\overline{[A_0+m(t)]^2\cos^2\omega_c(t)}$$
$$=\overline{A_0^2\cos^2\omega_c t}+\overline{m^2(t)\cos^2\omega_c t}+\overline{2m(t)A_0\cos^2\omega_c t} \quad (3.7)$$

前面已假设调制信号没有直流分量,即调制信号 $m(t)$ 的均值为 0,而且 $m(t)$ 是与载波无关的较为缓慢变化的信号,所以
$$P_{AM}=\frac{A_0^2}{2}+\frac{\overline{m^2(t)}}{2}=P_c+P_m \quad (3.8)$$

上式中由两部分功率组成：第一部分为载波功率；第二部分为边带功率（有用功率）。

由此可知 AM 调制的效率为

$$\eta_{AM} = \frac{P_m}{P_{AM}} = \frac{\overline{m^2(t)}}{A_0^2 + \overline{m^2(t)}}$$ 　　　(3.9)

我们把 η_{AM} 称为调制效率，显然，AM 信号的调制效率总是小于 1。

AM 的优点在于系统结构简单，价格低廉。AM 广泛应用于无线电广播。

3.1.2 双边带调制（DSB）

在 AM 信号中，载波分量并不携带信息，信息完全由边带传送。如果将载波抑制，只需在图 3.1 中将直流分量去掉，即可输出抑制载波双边带信号，简称双边带信号（DSB），调制器模型如图 3.3 所示。

$m(t) \longrightarrow \otimes \longrightarrow S_{DSB}(t)$

$\cos\omega_c t$

图 3.3 DSB 调制模型

由图 3.3 可得 DSB 信号的时域表达式为

$$S_{DSB}(t) = m(t)\cos\omega_c t$$ 　　　(3.10)

当调制信号 $m(t)$ 为确知信号时，已调信号的频谱为

$$S_{DSB}(\omega) = \frac{1}{2}[M(\omega - \omega_c) + M(\omega + \omega_c)]$$ 　　　(3.11)

其波形和频谱如图 3.4 所示。

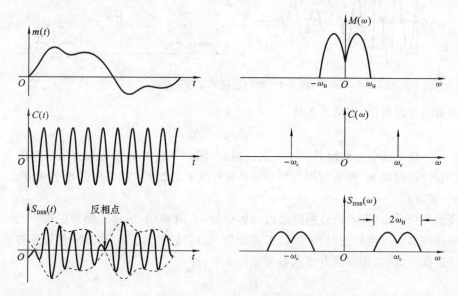

图 3.4 DSB 信号波形及频谱

DSB 信号的包络不再与调制信号的变化规律一致，因而不能采用简单的包络检波来恢复调制信号，需采用相干解调（同步检波）。另外，在调制信号 $m(t)$ 的过零点处，高频载波相位有 180°的突变。除了不再含有载频分量离散谱外，DSB 信号的频谱与 AM 信号的频谱完全相同，仍由上下对称的两个边带组成。所以 DSB 信号的带宽与 AM 信号的带宽相同，也为基带信号带宽的 2 倍，即

$$B_{DSB} = 2f_H$$ 　　　(3.12)

式中：f_H 为调制信号的最高频率。

由于不再包含载波成分,因此 DSB 信号的功率就等于边带功率,是调制信号功率的一半,即

$$P_{DSB} = \overline{S_{DSB}^2(t)} = P_m = \frac{1}{2}\overline{m^2(t)} \tag{3.13}$$

显然,DSB 信号的调制效率为 100%。其优点是:节省了载波功率;缺点是:不能用包络检波,需用相干检波,较复杂。

3.1.3 单边带调制(SSB)

DSB 信号虽然节省了载波功率,调制效率提高了,但它的频带宽度仍是调制信号带宽的 2 倍,与 AM 信号带宽相同。由于 DSB 信号的上、下两个边带是完全对称的,它们都携带了调制信号的全部信息,因此仅传输其中一个边带即可,这是单边带调制能解决的问题。产生 SSB 信号的方法有很多,其中最基本的方法是滤波法。

1. 用滤波法形成单边带信号

由于单边带调制只传送双边带调制信号的一个边带,因此产生单边带信号的最直观的方法是让双边带信号通过一个单边带滤波器,滤除不要的边带,即可得到单边带信号。我们把这种方法称为滤波法,它是最简单的也是最常用的方法。滤波法产生 SSB 信号的数学模型如图 3.5 所示。

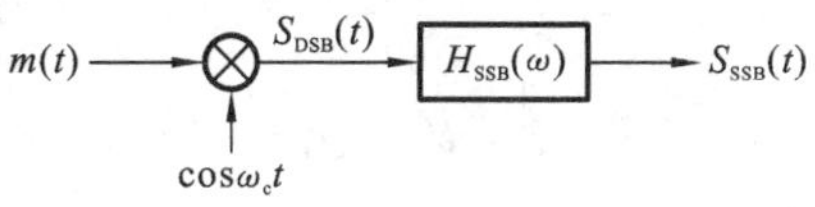

图 3.5 SSB 信号的滤波法产生

在图 3.5 中,$H(\omega)$ 为单边带滤波器的传输函数,若它具有如下理想高通特性或低通特性:

$$H(\omega) = H_{USB}(\omega) = \begin{cases} 1, & |\omega| > \omega_c \\ 0, & |\omega| \leqslant \omega_c \end{cases} \tag{3.14}$$

$$H(\omega) = H_{LSB}(\omega) = \begin{cases} 1, & |\omega| > \omega_c \\ 0, & |\omega| \geqslant \omega_c \end{cases} \tag{3.15}$$

SSB 信号的频谱可表示为

$$S_{SSB}(\omega) = S_{DSB}(\omega) \cdot H(\omega)$$

则可滤出下边带或者上边带得到 SSB 信号。SSB 信号上边带、下边带频谱如图 3.6 所示。

2. 滤波法的技术难点

滤波特性很难做到具有陡峭的截止特性,例如,若经过滤波后的话音信号的最低频率为 300 Hz,则上、下边带之间的频率间隔为 600 Hz,即允许过渡带为 600 Hz。在 600 Hz 过渡带和不太高的载频情况下,滤波器不难实现;但当载频较高时,采用一级调制直接滤波的方法已不可能实现单边带调制。可以采用多级(一般采用两级)DSB 调制及边带滤波的方法,即先在较低的载频上进行 DSB 调制,目的是增大过渡带的归一化值,以利于滤波器的制作。再在要求的载频上进行第二次调制。当调制信号中含有直流及低频分量时滤波法就不适用了。

3. SSB 信号的解调

SSB 信号的解调和 DSB 的一样,不能采用简单的包络检波,因为 SSB 信号也是抑制载波的已调信号,它的包络不能直接反映调制信号的变化,所以仍需采用相干解调。

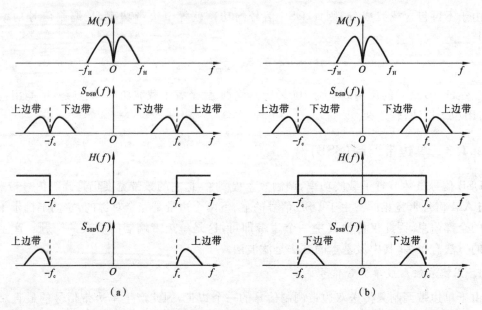

图 3.6 SSB 频谱示意图

4. SSB 信号的性能

SSB 信号的实现比 AM、DSB 要复杂,但 SSB 调制方式在传输信息时,不仅可节省发射功率,而且它所占用的频带宽度比 AM、DSB 减少了一半。它目前已成为短波通信中一种重要的调制方式。

3.1.4 残留边带调制(VSB)

单边带传输信号具有节约一半频谱和节省功率的优点,但付出的代价是设备制作非常困难。例如,用滤波法则边带滤波器不容易得到陡峭的频率特性,用相移法则基带信号各频率成分不可能都做到所有频率分量均精确相移 $\frac{\pi}{2}$。如果传输电视信号、传真信号和高速数据信号的话,由于它们的频谱范围较宽,而且极低频分量的幅度也比较大,则这样边带滤波器和宽带相移网络的制作都更为困难。为了解决这个问题,可以采用残留边带调制(VSB)。VSB 是介于 SSB 和 DSB 之间的一个折中方案。在这种调制中,一个边带绝大部分顺利通过,而另一个边带残留一小部分,DSB,SSB 和 VSB 信号的频谱如图 3.7 所示。

1. VSB 信号的产生与解调

残留边带调制信号的产生与解调原理框图如图 3.8 所示。

由图 3.8 可以看出,VSB 信号的产生与 DSB、SSB 的相似,都是由基带信号和载波信号相乘后得到双边带信号,所不同的是后面接的是滤波器。不同的滤波器得到不同的调制方式。

如何选择残留边带滤波器的滤波特性使残留边带信号解调后不产生失真呢?从图 3.8 中可以直观看出,如果解调后一个边带损失部分能够让另一个边带保留部分完全补偿的话,那么输出信号是不会失真的。为了确定残留边带滤波器传输特性应满足的条件,我们来分析接收端是如何从该信号中恢复原基带信号的。

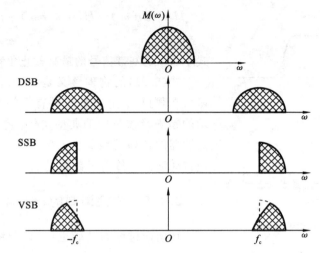

图 3.7 DSB、SSB 和 VSB 信号的频谱

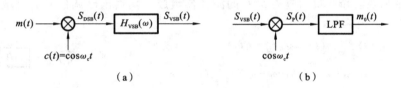

（a）　　　　　　　　　　　　（b）

图 3.8 VSB 信号的产生与解调

(a)VSB 信号的产生；(b)VSB 信号的解调

2. 残留边带滤波器传输特性 $H_{VSB}(\omega)$ 的确定

图 3.8 中，$S_{VSB}(t)$ 信号经乘法器后输出 $S_p(t)$ 的表达式为

$$S_p(t) = S_{VSB}(t)\cos\omega_c t \tag{3.16}$$

上式对应的傅氏频谱为

$$S_P(\omega) = \frac{1}{2\pi} S_{VSB}(\omega) * [\pi\delta(\omega+\omega_c) + \delta(\omega-\omega_c)]$$

$$= \frac{1}{2}[S_{VSB}(\omega+\omega_c) + S_{VSB}(\omega-\omega_c)] \tag{3.17}$$

由图 3.8 可知

$$S_{VSB}(\omega) = \frac{1}{2}[M(\omega+\omega_c) + M(\omega-\omega_c)]H_{VSB}(\omega) \tag{3.18}$$

将式(3.18)代入式(3.17)得

$$S_P(\omega) = \frac{1}{4}\{[M(\omega+2\omega_c) + M(\omega)]H_{VSB}(\omega+\omega_c)\}$$

$$+ \frac{1}{4}\{[M(\omega-2\omega_c) + M(\omega)]H_{VSB}(\omega-\omega_c)\} \tag{3.19}$$

理想低通滤波器抑制上式中的二倍载频分量，其输出信号的频谱为

$$M_0(\omega) = \frac{1}{4}M(\omega)[H(\omega+\omega_c) + H(\omega-\omega_c)] \tag{3.20}$$

显然，为了在接收端不失真地恢复原基带信号，要求残留边带滤波器传输特性必须满足下述条件：

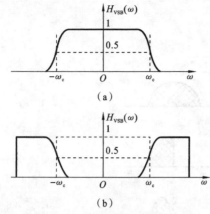

（a）

（b）

图 3.9　残留边带滤波器特性

$$H_{\text{VSB}}(\omega+\omega_c)+H_{\text{VSB}}(\omega-\omega_c)=\text{常数}\quad |\omega|\leqslant\omega_H$$
$$(3.21)$$

式中：ω_H 是基带信号的最高截止角频率。

式(3.21)的物理含义是：残留边带滤波器的传输函数在载频 ω_c 附近必须具有互补对称性。图 3.9 所示的是满足该条件的典型实例：上边带残留的下边带滤波器的传输函数如图 3.9（a）所示，下边带残留的上边带滤波器的传输函数如图 3.9（b）所示。

3.1.5　线性调制的一般模型

在前面讨论的基础上，可以归纳出滤波法线性调制的一般模型，如图 3.10 所示。

该模型由相乘器和冲激响应为 $h(t)$ 的滤波器组成。其输出已调信号的时域和频域表达式为

$$s_m(t)=[m(t)\cos\omega_c t]*h(t) \qquad (3.22)$$

$$s_m(\omega)=\frac{1}{2}[M(\omega+\omega_c)+M(\omega-\omega_c)]*h(\omega) \qquad (3.23)$$

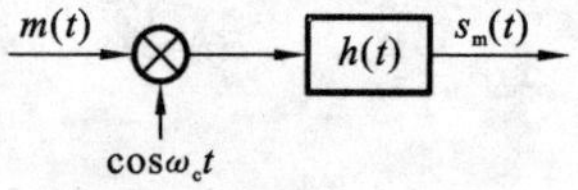

图 3.10　线性调制（滤波法）一般模型

式中：$H(\omega)\Leftrightarrow h(t)$。

只要适当选择滤波器的特性 $H(\omega)$，便可以得到各种幅度调制信号。

3.1.6　相干解调与包络检波

解调是调制的逆过程，其作用是从接收的已调信号中恢复原始的基带信号（即调制信号）。解调的方法分为两类：相干解调和非相干解调（包络检波）。

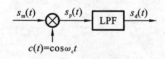

图 3.11　相干解调器的一般模型

1. 相干解调

相干解调也叫同步检波。解调与调制的实质一样，均是频谱搬移。调制是把基带信号的频谱搬移到载频的位置，这一过程可以通过一个相乘器来实现。解调则是调制的反过程，即把在载频位置的已调信号的频谱搬移到原始基带信号的位置，因此同样可以通过相乘器将已调信号与载波相乘来实现。相干解调器的一般模型如图 3.11 所示。

相干解调器原理：为了无失真地恢复原基带信号，接收端必须提供一个与接收的已调载波严格同步（同频同相）的本地载波（称为相干载波），它与接收的已调信号相乘后，经低通滤波器取出低频分量，即可得到原始的基带调制信号。相干解调适用于所有线性调制信号的解调。

2. 包络检波

包络检波仅适用于 AM 信号，其包络与调制信号的形状完全一致。因此，AM 信号除了可以采用相干解调以外，还可用包络检波法来恢复原始信号。

包络检波器结构通常由半波或全波整流器和低通滤波器组成。串联型包络检波器如图

3.12 所示。

设输入信号是 $s_m(t) = [m(t) + A_0]\cos\omega_c t$，选择 RC 满足如下关系式：

$$f_H \ll 1/RC \ll f_c$$

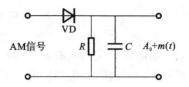

图 3.12　串联型包络检波器

式中：f_H 是调制信号的最高频率。在大信号检波时（一般大于 0.5 V），二极管处于受控的开关状态，检波器的输出为隔去直流后得到的原信号 $m(t)$。

3.2　线性调制系统的抗噪声性能

3.2.1　分析模型

实际中，任何通信系统都避免不了噪声的影响。各种信道中的加性高斯白噪声是普遍存在的一种噪声。因此，本节将要研究的问题是，在信道加性高斯白噪声的背景下，各种线性调制系统的抗噪声性能。

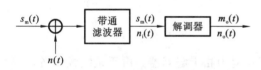

图 3.13　解调器抗噪声性能分析模型

由于加性噪声被认为只对已调信号的接收产生影响，因此通信系统的抗噪声性能可以用解调器的抗噪声性能来衡量。解调器的抗噪声性能的分析模型如图 3.13 所示。图中 $s_m(t)$ 为已调信号，$n(t)$ 为信道加性高斯白噪声。带通滤波器的作用是滤除已调信号频带以外的噪声，因此，经过带通滤波器后到达解调器输入端的信号仍可认为是 $s_m(t)$，而噪声为 $n_i(t)$。解调器输出的有用信号为 $m_o(t)$，噪声为 $n_o(t)$。

对于不同的调制系统，将有不同形式的信号 $s_m(t)$，但解调器输入端的噪声 $n_i(t)$ 形式却是相同的，它是由平稳高斯白噪声 $n(t)$ 经过带通滤波器得到的。当带通滤波器的带宽远小于其中心频率 ω_0 时，可视为窄带滤波器，故 $n_i(t)$ 为平稳窄带高斯噪声，它的表达式为

$$n_i(t) = n_c(t)\cos\omega_0 t - n_s(t)\sin\omega_0 t \tag{3.24}$$

或者

$$n_i(t) = V(t)\cos[\omega_0 t + \theta(t)] \tag{3.25}$$

由随机过程知识可知，窄带噪声 $n_i(t)$ 及其同相分量 $n_c(t)$ 和正交分量 $n_s(t)$ 的均值都为 0，且具有相同的方差，即

$$\overline{n_i^2(t)} = \overline{n_c^2(t)} = \overline{n_s^2(t)} = N_i \tag{3.26}$$

式中：N_i 为解调器输入噪声的平均功率。

若白噪声的单边功率谱密度为 n_0，带通滤波器是高度为 1、带宽为 B 的理想矩形函数，则解调器的输入噪声功率为

$$N_i = n_0 B \tag{3.27}$$

这里的带宽 B 应等于已调信号的频带宽度，即保证已调信号无失真地进入解调器，同时又能最大限度地抑制噪声。

模拟通信系统的主要质量指标是解调器的输出信噪比。输出信噪比定义为

$$\frac{S_o}{N_o} = \frac{\text{解调器输出有用信号的平均功率}}{\text{解调器输出噪声的平均功率}} = \frac{\overline{m_o^2(t)}}{\overline{n_o^2(t)}} \qquad (3.28)$$

输出信噪比与调制方式和解调方式均密切相关。因此在已调信号平均功率相同,并且信道噪声功率谱密度也相同的情况下,输出信噪比反映了解调器的抗噪声性能。显然,输出信噪比越大越好。

为了便于比较同类调制系统采用不同解调器时的性能,还可以用输出信噪比和输入信噪比的比值来表示,即

$$G = \frac{S_o/N_o}{S_i/N_i} \qquad (3.29)$$

这个比值 G 为调制制度增益或信噪比增益。显然,同一种调制方式,信噪比增益 G 越大,则解调器的抗噪声性能越好。同时,G 的大小也反映了这种调制制度的优劣。式中的 S_i/N_i 为输入信噪比,定义为

$$\frac{S_i}{N_i} = \frac{\text{解调器输入已调信号的平均功率}}{\text{解调器输入噪声的平均功率}} = \frac{\overline{s_m^2(t)}}{\overline{n_i^2(t)}} \qquad (3.30)$$

现在的任务就是在给定的 $s_m(t)$ 和 $n_i(t)$ 的情况下,推导出各种解调器的输入及输出信噪比,并在此基础上对各种调制系统的抗噪声性能作出评述。

3.2.2 DSB 调制系统的性能

在分析 DSB、VSB 系统的抗噪声性能时,解调器应为相干解调器。由于是线性系统,所以可以分别计算解调器输出的信号功率和噪声功率。DSB 相干解调抗噪声性能分析模型如图 3.14 所示。

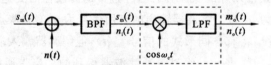

图 3.14　DSB 相干解调抗噪声性能分析模型

设解调器输入信号为

$$s_m(t) = m(t)\cos\omega_c t \qquad (3.31)$$

与相干载波 $\cos\omega_c t$ 相乘后,得

$$m(t)\cos^2\omega_c t = \frac{1}{2}m(t) + \frac{1}{2}m(t)\cos2\omega_c t$$

经低通滤波器后,输出信号为

$$m_o(t) = \frac{1}{2}m(t) \qquad (3.32)$$

因此,解调器输出端的有用信号功率为

$$S_o = \overline{m_o^2(t)} = \frac{1}{4}\overline{m^2(t)} \qquad (3.33)$$

解调 DSB 信号时,接收机中的带通滤波器的中心频率 ω_0 与调制载频 ω_c 相同,因此解调器输入端的窄带噪声 $n_i(t)$ 可表示为

$$n_i(t) = n_c(t)\cos\omega_c t - n_s(t)\sin\omega_c t \qquad (3.34)$$

它与相干载波相乘后,得

$$n_i(t)\cos\omega_c t = [n_c(t)\cos\omega_c t - n_s(t)\sin\omega_c t]\cos\omega_c t$$
$$= \frac{1}{2}n_c(t) + \frac{1}{2}[n_c(t)\cos 2\omega_c t - n_s(t)\sin 2\omega_c t]$$

经低通滤波器后,解调器最终的输出噪声为

$$n_o(t) = \frac{1}{2}n_c(t) \tag{3.35}$$

故输出噪声功率为

$$N_o = \overline{n_o^2(t)} = \frac{1}{4}\overline{n_c^2(t)} \tag{3.36}$$

根据式(3.26)和式(3.27),有

$$N_o = \frac{1}{4}\overline{n_i^2(t)} = \frac{1}{4}N_i = \frac{1}{4}n_0 B \tag{3.37}$$

这里,$B = 2f_H$ 为 DSB 信号的带通滤波器的带宽。

解调器输入信号平均功率为

$$S_i = \overline{s_m^2(t)} = \overline{[m(t)\cos\omega_c t]^2} = \frac{1}{2}\overline{m^2(t)} \tag{3.38}$$

与式(3.27)相比,可得解调器的输入信噪比为

$$\frac{S_i}{N_i} = \frac{\frac{1}{2}\overline{m^2(t)}}{n_0 B} \tag{3.39}$$

又根据式(3.33)和式(3.37)可得解调器的输出信噪比为

$$\frac{S_o}{N_o} = \frac{\frac{1}{4}\overline{m^2(t)}}{\frac{1}{4}N_i} = \frac{\overline{m^2(t)}}{n_0 B} \tag{3.40}$$

因此,制度增益为

$$G_{DSB} = \frac{S_o/N_o}{S_i/N_i} = 2 \tag{3.41}$$

由此可见,DSB 调制系统的制度增益为 2。也就是说,DSB 信号的解调器使信噪比增大 2 倍。这是因为采用相干解调,使输入噪声中的正交分量被消除的缘故。

3.2.3 SSB 调制系统的性能

SSB 信号的解调方法与 DSB 信号的相同,其区别仅在于解调器之前的带通滤波器的带宽和中心频率不同。前者的带通滤波器的带宽是后者的一半。由于 SSB 信号的解调器与 DSB 信号的相同,故计算解调器输入及输出信噪比的方法也相同。SSB 信号解调器的输出噪声与输入噪声的功率可由式(3.37)给出,即

$$N_o = \frac{1}{4}N_i = \frac{1}{4}n_0 B \tag{3.42}$$

这里,$B = f_H$ 为 SSB 信号的带通滤波器的带宽。对于单边带解调器的输入及输出信号功率,不能简单地照搬双边带时的结果。这是因为 SSB 信号的表达式与 DSB 信号的不同。SSB 信号的表达式为

$$s_m(t) = \frac{1}{2}m(t)\cos\omega_c t \mp \frac{1}{2}\hat{m}(t)\sin\omega_c t \qquad (3.43)$$

与相干载波相乘后,再经低通滤波可得解调器输出信号:

$$m_o(t) = \frac{1}{4}m(t) \qquad (3.44)$$

因此,输出信号平均功率为

$$S_o = \overline{m_o^2(t)} = \frac{1}{16}\overline{m^2(t)} \qquad (3.45)$$

输入信号平均功率为

$$S_i = \overline{s_m^2(t)} = \frac{1}{4}\overline{[m(t)\cos\omega_c t \mp \hat{m}(t)\sin\omega_c t]^2} = \frac{1}{4}\left[\frac{1}{2}\overline{m^2(t)} + \frac{1}{2}\overline{\hat{m}^2(t)}\right]$$

因 $\hat{m}(t)$ 与 $m(t)$ 的幅度相同,所以具有相等的平均功率,故上式变为

$$S_i = \frac{1}{4}\overline{m^2(t)} \qquad (3.46)$$

于是,单边带解调器的输入信噪比为

$$\frac{S_i}{N_i} = \frac{\frac{1}{4}\overline{m^2(t)}}{n_0 B} = \frac{\overline{m^2(t)}}{4n_0 B} \qquad (3.47)$$

输出信噪比为

$$\frac{S_o}{N_o} = \frac{\frac{1}{16}\overline{m^2(t)}}{\frac{1}{4}n_0 B} = \frac{\overline{m^2(t)}}{4n_0 B} \qquad (3.48)$$

因而制度增益为

$$G_{SSB} = \frac{S_o/N_0}{S_i/N_i} = 1 \qquad (3.49)$$

这是因为在 SSB 系统中,信号和噪声有相同表示形式,所以相干解调过程中,信号和噪声中的正交分量均被抑制掉,故信噪比没有改善。

比较式(3.41)与式(3.49)可知,$G_{DSB} = 2G_{SSB}$,这能否说明 DSB 系统的抗噪声性能比 SSB 系统好呢?回答是否定的。因为两者的输入信号功率不同、带宽不同,在相同声功率谱密度条件下,输入噪声功率也不同,所以两者的输出信噪比是在不同条件下得到的。如果在相同的输入信号功率、相同的输入噪声功率谱密度、相同的基带信号带宽条件下,对这两种调制方式进行比较,可以发现它们的输出信噪比是相等的。这就是说,两者的抗噪声性能是相同的。但 SSB 所需的传输带宽仅是 DSB 的一半,因此 SSB 得到普遍应用。

VSB 调制系统的抗噪声性能的分析方法与上面的相似,但是,由于采用的残留边带滤波器的频率特性形状不同,所以抗噪声性能的计算是比较复杂的。但是在边带的残留部分不是太大的时候,可以近似认为其抗噪声性能与 SSB 调制系统的抗噪声性能相同。

3.2.4　AM 包络检波的性能

如前所述,AM 信号可用相干解调和包络检波两种方法解调。AM 信号相干解调系统的性能分析与前面的双边带(或单边带)的相同,可自行分析。这里,我们将对 AM 信号采用包

络检波的性能进行讨论。此时,模型中的解调器为包络检波器,其检波输出电压正比于输入信号的包络变化。AM 包络检波的抗噪声性能分析模型如图 3.15 所示。

设解调器输入信号为

$$s_\mathrm{m}(t) = [A_0 + m(t)]\cos\omega_\mathrm{c}t \qquad (3.50)$$

这里仍将假设调制信号 $m(t)$ 的均值为 0,且 $|m(t)|_{\max} \leqslant A_0$。解调器输入噪声为

$$n_\mathrm{i}(t) = n_\mathrm{c}(t)\cos\omega_\mathrm{c}t - n_\mathrm{s}(t)\sin\omega_\mathrm{c}t$$

$$(3.51)$$

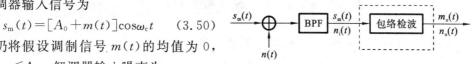

图 3.15　AM 包络检波的抗噪声性能分析模型

则解调器输入的信号功率和噪声功率分别为

$$S_\mathrm{i} = \overline{s_\mathrm{m}^2(t)} = \frac{A_0^2}{2} + \frac{\overline{m^2(t)}}{2} \qquad (3.52)$$

$$N_\mathrm{i} = \overline{n_\mathrm{i}^2(t)} = n_0 B \qquad (3.53)$$

输入信噪比为

$$\frac{S_\mathrm{i}}{N_\mathrm{i}} = \frac{A_0^2 + \overline{m^2(t)}}{2n_0 B} \qquad (3.54)$$

由于解调器输入是信号加噪声的混合波形,即

$$s_\mathrm{m}(t) + n_\mathrm{i}(t) = [A_0 + m(t) + n_\mathrm{c}(t)]\cos\omega_\mathrm{c}t - n_\mathrm{s}(t)\sin\omega_\mathrm{c}t = E(t)\cos[\omega_\mathrm{c}t + \psi(t)]$$

其中,

$$E(t) = \sqrt{[A_0 + m(t) + n_\mathrm{c}(t)]^2 + n_\mathrm{s}^2(t)} \qquad (3.55)$$

$$\psi(t) = \arctan\left[\frac{n_\mathrm{s}(t)}{A_0 + m(t) + n_\mathrm{c}(t)}\right] \qquad (3.56)$$

很明显,$E(t)$ 便是所求的合成包络。当包络检波器的传输系数为 1 时,检波器的输出就是 $E(t)$。

可以看出,检波输出 $E(t)$ 中的信号和噪声存在非线性关系。因此,计算出信噪比是件困难的事。为使讨论简明,我们来讨论两种特殊的情况。

1. 大信噪比情况

此时,输入信号幅度远大于噪声幅度,即

$$A_0 + m(t) \gg \sqrt{n_\mathrm{c}^2(t) + n_\mathrm{s}^2(t)}$$

因而式(3.55)可以简化为

$$E(t) \approx \sqrt{[A_0 + m(t)]^2 + 2[A_0 + m(t)]n_\mathrm{c}(t)} \approx [A_0 + m(t)]\left[1 + \frac{2n_\mathrm{c}(t)}{A_0 + m(t)}\right]^{1/2}$$

$$\approx [A_0 + m(t)]\left[1 + \frac{n_\mathrm{c}(t)}{A_0 + m(t)}\right] = A_0 + m(t) + n_\mathrm{c}(t) \qquad (3.57)$$

这里,我们利用了近似公式

$$(1 + x)^{1/2} \approx 1 + \frac{x}{2}, \qquad |x| \ll 1$$

由式(3.57)可见,当直流分量 A_0 被电容器阻隔后,有用信号与噪声独立地分成两项,因此可分别计算它们的功率。输出信号功率为

$$S_\mathrm{o} = \overline{m^2(t)} \qquad (3.58)$$

输出噪声功率为

$$N_{\mathrm{o}} = \overline{n_{\mathrm{c}}^2(t)} = \overline{n_{\mathrm{i}}^2(t)} = n_0 B \tag{3.59}$$

故输出信噪比

$$\frac{S_{\mathrm{o}}}{N_{\mathrm{o}}} = \frac{\overline{m^2(t)}}{n_0 B} \tag{3.60}$$

由式(3.54)和式(3.60)可得调制制度增益为

$$G_{\mathrm{AM}} = \frac{S_{\mathrm{o}}/N_{\mathrm{o}}}{S_{\mathrm{i}}/N_{\mathrm{i}}} = \frac{2\,\overline{m^2(t)}}{A_0^2 + \overline{m^2(t)}} \tag{3.61}$$

显然,AM 信号的调制制度增益 G_{AM} 随 A_0 的减小而增加。但对包络检波器来说,为了不发生过调制现象,应有 $A_0 \gg |m(t)|_{\max}$,所以 G_{AM} 总是小于 1,这说明包络检波器对输入信噪比没有改善,而是恶化了,这时 AM 的最大信噪比增益为

$$G_{\mathrm{AM}} = \frac{2}{3} \tag{3.62}$$

可以证明,采用同步检测法解调 AM 信号时,得到的调制制度增益 G_{AM} 与式(3.61)给出的结果相同。由此可见,对于 AM 调制系统,在大信噪比时,采用包络检波器解调时的性能与同步检测器的性能几乎一样。但应注意,后者的调制制度增益不受信号与噪声相对幅度假设条件的限制。

2. 小信噪比情况

此时,输入信号幅度远小于噪声幅度,即

$$[A_0 + m(t)] \ll \sqrt{n_{\mathrm{c}}^2(t) + n_{\mathrm{s}}^2(t)}$$

式(3.55)变成

$$
\begin{aligned}
E(t) &= \sqrt{[A_0 + m(t)]^2 + n_{\mathrm{c}}^2(t) + n_{\mathrm{s}}^2(t) + 2n_{\mathrm{c}}(t)[A_0 + m(t)]} \\
&\approx \sqrt{n_{\mathrm{c}}^2(t) + n_{\mathrm{s}}^2(t) + 2n_{\mathrm{c}}(t)[A_0 + m(t)]} \\
&= \sqrt{[n_{\mathrm{c}}^2(t) + n_{\mathrm{s}}^2(t)]\left\{1 + \dfrac{2n_{\mathrm{c}}(t)[A_0 + m(t)]}{n_{\mathrm{c}}^2(t) + n_{\mathrm{s}}^2(t)}\right\}} \\
&= R(t)\sqrt{1 + \dfrac{2[A_0 + m(t)]}{R(t)}\cos\theta(t)}
\end{aligned}
\tag{3.63}
$$

噪声的包络及相位分别为

$$R(t) = \sqrt{n_{\mathrm{c}}^2(t) + n_{\mathrm{s}}^2(t)}$$

$$\theta(t) = \arctan\left[\frac{n_{\mathrm{s}}(t)}{n_{\mathrm{c}}(t)}\right]$$

因为 $R(t) \gg A_0 + m(t)$,所以我们可以利用数学近似式 $(1+x)^{1/2} \approx 1 + \dfrac{x}{2}(|x| \ll 1)$,把 $E(t)$ 进一步近似为

$$
\begin{aligned}
E(t) &= R(t)\sqrt{1 + \dfrac{2[A_0 + m(t)]}{R(t)}\cos\theta(t)} \\
&\approx R(t)\left[1 + \dfrac{A + m(t)}{R(t)}\cos\theta(t)\right] \\
&= R(t) + [A + m(t)]\cos\theta(t)
\end{aligned}
\tag{3.64}
$$

此时,$E(t)$ 中没有单独的信号项,只有受到 $\cos\theta(t)$ 调制的 $m(t)\cos\theta(t)$ 项。由于 $\cos\theta(t)$ 是

一个随机噪声,因而,有用信号 $m(t)$ 被噪声扰乱,致使 $m(t)\cos\theta(t)$ 也只能被看作噪声。这时候,输出信噪比不是按比例地随着输入信噪比下降,而是急剧恶化,通常把这种现象称为解调器的门限效应。开始出现门限效应的输入信噪比称为门限值。这种门限效应是由包络检波器的非线性解调作用所引起的。

有必要指出,用相干解调的方法解调各种线性调制信号时不存在门限效应。原因是信号与噪声可分别进行解调,解调器输出端总是单独存在有用信号项。

由以上分析可得如下结论:在大信噪比情况下,AM 信号包络检波器的性能几乎与相干解调法的相同。但当输入信噪比低于门限值时,将会出现门限效应,这时解调器的输出信噪比将急剧恶化,系统无法正常工作。

3.3 角度调制(非线性调制)的原理

正弦载波有三个参量:幅度、频率和相位。我们不仅可以把调制信号的信息载于载波的幅度,还可以将调制信号的信息载于载波的频率或相位变化中。在调制时,若载波的频率随调制信号的变化而变化,则称为频率调制或调频(frequency modulation,FM);若载波的相位随调制信号的变化而变化,则称为相位调制或调相(phase modulation,PM)。在这两种调制过程中,载波的幅度都保持恒定不变,而频率和相位的变化都表现为载波瞬时相位的变化,故把调频和调相统称为角度调制或调角。

角度调制与幅度调制不同的是,已调信号频谱不再是原调制信号频谱的线性搬移,而是频谱的非线性变换,会产生与频谱搬移不同的新的频率成分,故又称为非线性调制。

FM 与 PM 在通信系统中的使用都非常广泛。FM 广泛应用于高保真音乐广播、电视伴音信号的传输、卫星通信和蜂窝电话系统等。PM 除直接用于传输外,也常用作间接产生 FM 信号的过渡。调频与调相之间存在密切的关系。

与幅度调制技术相比,角度调制最突出的优势是其较高的抗噪声性能。然而有得就有失,获得这种优势的代价是角度调制比幅度调制信号占用更宽的带宽。

3.3.1 角度调制的基本概念

1. FM 和 PM 信号的一般表达式

角度调制信号的一般表达式为

$$s_m(t) = A\cos\left[\omega_c t + \varphi(t)\right] \tag{3.65}$$

式中: A 为载波的恒定振幅; $\omega_c t + \varphi(t) = \theta(t)$ 为信号的瞬时相位,记为 $O(t)$; $\varphi(t)$ 为相对于载波相位 $\omega_c t$ 瞬时相位偏移。 $d\left[\omega_c t + \varphi(t)\right]/dt$ 是信号的瞬时角频率,记为 $\omega(t)$;而 $d\varphi(t)/dt$ 称为相对于载频 ω_c 的瞬时频偏。

所谓相位调制(PM),是指瞬时相位偏移随调制信号 $m(t)$ 作线性变化,即

$$\varphi(t) = K_p m(t) \tag{3.66}$$

式中: K_p 为调相灵敏度(rad/V),含义是单位调制信号幅度引起 PM 信号的相位偏移量。

将式(3.66)代入式(3.65),可得调制信号为

$$s_{PM}(t) = A\cos[\omega_c t + K_p m(t)] \tag{3.67}$$

所谓频率调制（FM），是指瞬时频率偏移随调制信号 $m(t)$ 成比例变化，即

$$\frac{\mathrm{d}\varphi(t)}{\mathrm{d}t} = K_f m(t) \tag{3.68}$$

式中：K_f 为调频灵敏度，$\mathrm{rad/(s \cdot V)}$。

这时相位偏移为

$$\varphi(t) = K_f \int m(\tau)\mathrm{d}\tau \tag{3.69}$$

代入式(3.65)，可得调频信号为

$$s_{FM}(t) = A\cos\left[\omega_c t + K_f \int m(\tau)\mathrm{d}\tau\right] \tag{3.70}$$

由式(3.67)和式(3.70)可见，PM 与 FM 的区别仅在于，PM 是相位偏移随调制信号 $m(t)$ 线性变化，FM 是相位偏移随 $m(t)$ 的积分呈线性变化。如果预先不知道调制信号 $m(t)$ 的具体形式，则无法判断已调信号是调相信号还是调频信号。

2. 单音调制 FM 与 PM

设调制信号为单一频率的正弦波，即

$$m(t) = A_m\cos\omega_m t = A_m\cos 2\pi f_m t \tag{3.71}$$

当它对载波进行相位调制时，由式(3.67)可得 PM 信号为

$$s_{PM}(t) = A\cos[\omega_c t + K_p A_m\cos\omega_m t] = A\cos[\omega_c t + m_p\cos\omega_m t] \tag{3.72}$$

式中：$m_p = K_p A_m$ 称为调相指数，表示最大的相位偏移。

如果进行频率调制，则由式(3.70)可得 FM 信号为

$$s_{FM}(t) = A\cos\left[\omega_c t + K_f A_m \int \cos\omega_m \tau\mathrm{d}\tau\right]$$
$$= A\cos[\omega_c t + m_f\sin\omega_m t] \tag{3.73}$$

式中：m_f 为调频指数，其表达式为

$$m_f = \frac{K_f A_m}{\omega_m} = \frac{\Delta\omega}{\omega_m} = \frac{\Delta f}{f_m} \tag{3.74}$$

表示最大的相位偏移，其中，$\Delta\omega = K_f A_m$，为最大角频偏；$\Delta f = m_f f_m$，为最大频偏。

由式(3.72)和式(3.73)画出的单音 PM 信号和 FM 信号波形，如图 3.16 所示。

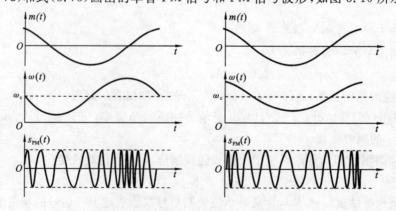

图 3.16 单音 PM 信号和 FM 信号波形

3. FM 与 PM 之间的关系

由于频率和相位之间存在微分与积分的关系,所以 FM 与 PM 之间是可以相互转换的。比较式(3.67)和式(3.70)可以看出,如果将调制信号先微分,而后进行调频,则得到的是调相波,这种方式称为间接调相;如果将调制信号先积分,而后进行调相,则得到的是调频波,这种方式称为间接调频。

FM 与 PM 这种密切的关系是我们可以对两者作并行的分析,仅需要强调一下它们的主要区别即可。鉴于在实际中 FM 波用得较多,下面将主要讨论频率调制。

3.3.2 窄带调频

如果 FM 信号的最大瞬时相位偏移满足条件

$$\left| K_f \int_{-\infty}^{t} m(\tau)\mathrm{d}\tau \right| \ll \frac{\pi}{6} \quad (\text{或} \ 0.5) \tag{3.75}$$

时,FM 信号的频谱宽度比较窄,称为窄带调频(NBFM)。当式(3.75)的条件不满足时,FM 信号的频谱宽度比较宽,称为宽带调频(WBFM)。将 FM 信号一般表达式展开得到

$$s_{\mathrm{FM}}(t) = A\cos\left[\omega_c t + K_f \int_{-\infty}^{t} m(\tau)\mathrm{d}\tau\right]$$

$$= A\cos\omega_c t\cos\left[K_f \int_{-\infty}^{t} m(\tau)\mathrm{d}\tau\right] - A\sin\omega_c t\sin\left[K_f \int_{-\infty}^{t} m(\tau)\mathrm{d}\tau\right] \tag{3.76}$$

当满足式(3.75)的条件时,有

$$\cos\left[K_f \int_{-\infty}^{t} m(\tau)\mathrm{d}\tau\right] \approx 1$$

$$\sin\left[K_f \int_{-\infty}^{t} m(\tau)\mathrm{d}\tau\right] \approx K_f \int_{-\infty}^{t} m(\tau)\mathrm{d}\tau$$

故式(3.76)可简化为

$$s_{\mathrm{NBFM}}(t) \approx A\cos\omega_c t - AK_f \int_{-\infty}^{t} m(\tau)\mathrm{d}\tau\sin\omega_c t \tag{3.77}$$

利用以下傅里叶变换对

$$m(t)\Leftrightarrow M(\omega)$$

$$\cos\omega_c t\Leftrightarrow\pi[\delta(\omega+\omega_c)+\delta(\omega-\omega_c)]$$

$$\sin\omega_c t\Leftrightarrow\mathrm{j}\pi[\delta(\omega+\omega_c)-\delta(\omega-\omega_c)]$$

$$\int m(t)\mathrm{d}t\Leftrightarrow\frac{M(\omega)}{\mathrm{j}\omega}$$

(设 $m(t)$ 的均值为 0)

$$\int m(t)\mathrm{d}t\sin\omega_c t\Leftrightarrow\frac{1}{2}\left[\frac{M(\omega+\omega_c)}{\omega+\omega_c}-\frac{M(\omega-\omega_c)}{\omega-\omega_c}\right]$$

可得到 NBFM 信号的频域表达式

$$s_{\mathrm{NBFM}}(\omega)=\pi A[\delta(\omega+\omega_c)+\delta(\omega-\omega_c)]+\frac{AK_f}{2}\left[\frac{M(\omega-\omega_c)}{\omega-\omega_c}-\frac{M(\omega+\omega_c)}{\omega+\omega_c}\right] \tag{3.78}$$

式(3.77)和式(3.78)是 NBFM 信号的时域和频域的一般表达式。将式(3.78)与前面描述的 AM 信号频谱,即

$$s_{AM}(\omega) = \pi A [\delta(\omega+\omega_c)+\delta(\omega-\omega_c)] + \frac{1}{2}[M(\omega+\omega_c)+M(\omega-\omega_c)]$$

$$s_{NBFM}(\omega) = \pi A [\delta(\omega+\omega_c)+\delta(\omega-\omega_c)] + \frac{AK_f}{2}\left[\frac{M(\omega-\omega_c)}{\omega-\omega_c} - \frac{M(\omega+\omega_c)}{\omega+\omega_c}\right]$$

相比较,可以清楚地看出 NBFM 和 AM 这两种调制的相似性和不同处。两者都含有载波频率和位于载波频率处的两个边带,所以它们的带宽都是调制信号最高频率的 2 倍。所不同的是,NBFM 结果引起调制信号频谱的失真。另外,NBFM 的一个边带和 AM 反相。下面以单音调制为例。

设调制信号

$$m(t) = A_m\cos\omega_m t$$

则 NBFM 信号为

$$
\begin{aligned}
s_{NBFM}(t) &\approx A\cos\omega_c t - \left[AK_f\int_{-\infty}^{t} m(\tau)d\tau\right]\sin\omega_c t \\
&= A\cos\omega_c t - AA_m K_f \frac{1}{\omega_m}\sin\omega_m t\sin\omega_c t \\
&= A\cos\omega_c t + \frac{AA_m K_F}{2\omega_m}[\cos(\omega_c+\omega_m)t - \cos(\omega_c-\omega_m)t] \quad (3.79)
\end{aligned}
$$

AM 信号为

$$
\begin{aligned}
s_{AM} &= (A+A_m\cos\omega_m t)\cos\omega_c t = A\cos\omega_c t + A_m\cos\omega_m t\cos\omega_c t \\
&= A\cos\omega_c t + \frac{A_m}{2}[\cos(\omega_c+\omega_m)t + \cos(\omega_c-\omega_m)t] \quad (3.80)
\end{aligned}
$$

由此画出的矢量图如图 3.17 所示。

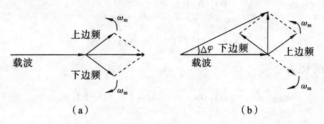

图 3.17 AM 和 NBFM 的矢量表示
(a) AM;(b) NBFM

在 AM 中,两个边频的合成矢量与载波同相,所以只有幅度的变化,无相位变化;而在 NBFM 中,由于下边频为负,两个边频的合成矢量与载波则是正交相加,所以 NBFM 不仅有相位的变化,幅度也有很小的变化。当最大相位偏移满足式 (3.75) 时,NBFM 信号幅度基本不变。这正是两者的本质区别。

由于 NBFM 信号最大频率偏移较小,占据的带宽较窄,但是其抗干扰性能比 AM 系统要好得多,因此得到较广泛的应用。对于高质量通信(调频立体声广播、电视伴音等)需要采用宽带调频。

3.3.3　调频信号的产生与解调

1. 调频信号的产生

调频的方法主要有两种:直接调频和间接调频。

（1）直接调频法：用调制信号直接去控制载波振荡器的频率，使其按调制信号的规律线性地变化。

压控振荡器：每个压控振荡器（VCO）自身就是一个 FM 调制器，因为它的振荡频率正比于输入控制电压，即

$$\omega_i(t)=\omega_0+K_f m(t)$$

用调制信号作控制电压信号，就能产生 FM 波，FM 调制器方框图如图 3.18 所示。

LC 振荡器：目前常用的电抗元件是变容二极管。用变容二极管实现直接调频，由于电路简单，性能良好，已成为目前最广泛采用的调频电路之一。在直接调频法中，振荡器与调制器合二为一。这种方法的主要优点是：可以获得较大的频偏；缺点是：频率稳定度不高。改进途径：采用锁相环（PLL）调制器、自动频率控制系统来稳定中心频率。锁相环调制器如图 3.19 所示。

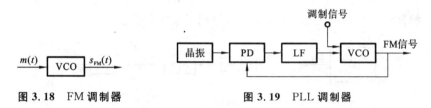

图 3.18　FM 调制器　　　　　图 3.19　PLL 调制器

（2）间接法调频（阿姆斯特朗（Armstrong）法）。

原理：先将调制信号积分，然后对载波进行调相，即可产生一个窄带调频（NBFM）信号，再经 n 次倍频器得到宽带调频（WBFM）信号。其原理框图如图 3.20 所示。

间接法产生窄带调频信号，由窄带调频公式

$$s_{NBFM}(t)\approx A\cos\omega_c t-\left[AK_f\int_{-\infty}^{t}m(\tau)\mathrm{d}\tau\right]\sin\omega_c t \tag{3.81}$$

可知，窄带调频信号可看成由正交分量与同相分量合成，采用图 3.21 所示的方框图可实现 NBFM 信号的产生。

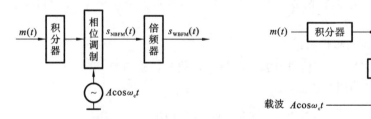

图 3.20　间接法产生 WBFM 信号　　　图 3.21　NBFM 信号的产生

产生窄带调频信号的倍频的目的、方法、原理如下。

目的：为提高调频指数，从而获得宽带调频。

方法：倍频器可以用非线性器件实现。

原理：以理想平方律器件为例，其输出-输入特性为

$$s_o(t)=as_i^2(t) \tag{3.82}$$

当输入信号为调频信号时，有

$$s_i(t)=A\cos[\omega_c t+\varphi(t)]$$

$$s_o(t) = \frac{1}{2}aA^2\{1+\cos[2\omega_c t + 2\varphi(t)]\} \tag{3.83}$$

由上式可知,滤除直流成分后,可得到一个新的调频信号,其载频和相位偏移均增为原来的 2 倍。由于相位偏移增为 2 倍,因而调频指数也必然增为 2 倍。同理,经 n 次倍频后可以使调频信号的载频和调频指数增为 n 倍。

典型实例:调频广播发射机。载频:$f_1 = 200$ kHz;调制信号最高频率:间接法产生的最高频率 $f_m = 15$ kHz;产生的频偏:$\Delta f_1 = 25$ Hz;调频广播要求的最终频偏:$f = 75$ kHz。发射载频在 88 MHz~108 MHz 频段内,所以需要经过 $n = \Delta f/\Delta f_1 = 75 \times 10^3/25 = 3000$ 次的倍频,以满足最终频偏 $\Delta f = 75$ kHz 的要求。但是,倍频器在提高相位偏移的同时,也使载波频率提高了,倍频后新的载波频率 nf_1 高达 600 MHz,不符合 $f_c = 88$ MHz~108 MHz 的要求,因此需用混频器进行变频来解决这个问题。

WBFM 信号产生的具体方案如图 3.22 所示,是由阿姆斯特朗于 1930 年提出来的,因此,称为阿姆斯特朗法。此法提出后,使调频技术得到了很大的发展。

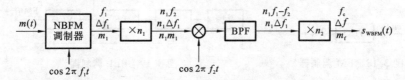

图 3.22 阿姆斯特朗法

其中,混频器将倍频器分成两个部分,由于混频器只改变载频而不影响频偏,因此,可以根据 WBFM 信号的载频和最大频偏的要求适当选择 f_1、f_2 和 n_1、n_2。由图 3.22 可以列出它们的关系式:

$$\begin{cases} f_c = n_2(n_1 f_1 - f_2) \\ \Delta f = n_1 n_2 \Delta f_1 \end{cases} \tag{3.84}$$

【例 3.1】 在上述宽带调频方案中,设调制信号是 $f_m = 15$ kHz 的单频余弦信号,NBFM 信号的载频 $f_1 = 200$ kHz,最大频偏 $\Delta f_1 = 25$ Hz;混频器参考频率 $f_2 = 10.9$ MHz,选择倍频次数 $n_1 = 64$,$n_2 = 48$。

(1) 求 NBFM 信号的调频指数;

(2) 求调频发射信号(WBFM 信号)的载频、最大频偏和调频指数。

解 (1) NBFM 信号的调频指数为

$$m_1 = \frac{\Delta f_1}{f_m} = \frac{25}{15 \times 10^3} = 1.67 \times 10^{-3}$$

(2) 由式(3.84)可求出调频发射信号的载频为

$$f_c = n_2(n_1 f_1 - f_2) = 48 \times (64 \times 200 \times 10^3 - 10.9 \times 10^6) \text{ Hz} = 91.2 \text{ MHz}$$

最大频偏为

$$\Delta f = n_1 n_2 \Delta f_1 = 64 \times 48 \times 25 \text{ Hz} = 76.8 \text{ kHz}$$

调频指数为

$$m_f = \frac{\Delta f}{f_m} = \frac{76.8 \times 10^3}{15 \times 10^3} = 5.12$$

间接调频法的优点是频率稳定度好,缺点是需要多次倍频和混频。因此,电路相对较复杂。

2. 调频信号的解调

调频信号的解调也分为相干解调和非相干解调。相干解调仅适用于 NBFM 信号,而非相干解调对 NBFM 信号和 WBFM 信号均适用。

(1)非相干解调:调频信号的一般表达式为

$$s_{\text{FM}}(t) = A\cos\left[\omega_{\text{c}}t + K_{\text{f}}\int_{-\infty}^{t} m(\tau)\mathrm{d}\tau\right] \tag{3.85}$$

解调器的输出为

$$m_{\text{o}}(t) \propto K_{\text{f}} m(t) \tag{3.86}$$

这就是说,调频信号的解调是要产生一个与输入调频信号的频率呈线性关系的输出电压。完成这种频率-电压转换关系的器件是频率检波器,简称鉴频器。

鉴频器有多种,用振幅鉴频器进行非相干解调的特性与原理框图如图 3.23 所示。

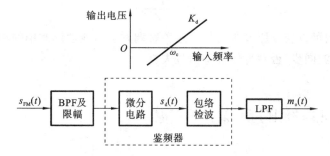

图 3.23 振幅鉴频器调解特性与原理框图

图 3.23 中微分器的作用是把幅度恒定的调频波变成幅度和频率都随调制信号变化的调幅调频信号,即

$$s_{\text{d}}(t) = -A\left[\omega_{\text{c}} + K_{\text{f}} m(t)\right]\sin\left[\omega_{\text{c}}t + K_{\text{f}}\int_{-\infty}^{t} m(\tau)\mathrm{d}\tau\right] \tag{3.87}$$

包络检波器则将其幅度变化检出并滤去直流,再经低通滤波后即得解调输出

$$m_{\text{o}}(t) = K_{\text{d}} K_{\text{f}} m(t) \tag{3.88}$$

式中:K_{d} 为鉴频器灵敏度。

限幅器的作用是消除信道中噪声和其他原因引起的调频波的幅度起伏,带通滤波器(BPF)是让调频信号顺利通过,同时滤除带外噪声及高次谐波分量。

鉴频器的种类很多,包括振幅鉴频器、相位鉴频器、比例鉴频器、正交鉴频器、斜率鉴频器、频率负反馈解调器、锁相环(PLL)鉴频器等。

(2)相干解调:相干解调仅适用于 NBFM 信号。

由于 NBFM 信号可分解成同相分量与正交分量之和,因而可以采用线性调制中的相干解调法进行解调,如图 3.24 所示。

设窄带调频信号

$$S_{\text{NBFM}}(t) = A\cos\omega_{\text{c}}t - A\left[K_{\text{f}}\int_{-\infty}^{t} m(\tau)\mathrm{d}\tau\right] \cdot \sin\omega_{\text{c}}t \tag{3.89}$$

并设相干载波

$$c(t) = -\sin\omega_{\text{c}}t \tag{3.90}$$

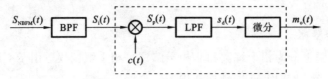

图 3.24　NBFM 信号的相干解调

则相乘器的输出为

$$S_p(t) = -\frac{A}{2}\sin 2\omega_c t + \frac{A}{2}\left[K_f\int_{-\infty}^{t} m(\tau)\mathrm{d}\tau\right]\cdot(1-\cos 2\omega_c t)$$

经低通滤波器取出其低频分量

$$s_d(t) = \frac{A}{2}K_f\int_{-\infty}^{t} m(\tau)\mathrm{d}\tau$$

再经微分器,即得解调输出

$$m_o(t) = \frac{AK_f}{2}m(t)$$

可见,相干解调可以恢复原调制信号。这种解调方法与线性调制中的相干解调一样,要求本地载波与调制载波同步,否则将使解调信号失真。

3.4　调频系统的抗噪声性能

如前所述,调频信号的解调有相干解调和非相干解调两种。相干解调仅适用于窄带调频信号,且需要同步信号,故使用范围受限;而非相干解调不需要同步信号,且适用于宽带和窄带调频信号,因此是 FM 系统的主要解调方式。下面我们将重点讨论 FM 非相干解调的抗噪声性能,其分析模型如图 3.25 所示。

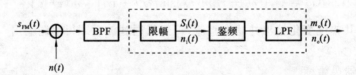

图 3.25　FM 非相干解调抗噪声性能分析模型

FM 非相干解调时的抗噪声性能分析方法,也与线性调制系统一样,先分别计算解调器的输入和输出信噪比,最后通过信噪比增益来反映系统优劣。

3.4.1　输入信噪比

设输入调频信号为

$$s_{FM}(t) = A\cos\left[\omega_c t + K_f\int_{-\infty}^{t} m(\tau)\mathrm{d}\tau\right]$$

故其输入信号功率为

$$S_i = A^2/2 \tag{3.91}$$

输入噪声功率为

$$N_\mathrm{i}=n_0 B_\mathrm{FM} \tag{3.92}$$

式中：B_FM 为调频信号的带宽，即带通滤波器（BPF）的带宽。

因此，输入信噪比为

$$\frac{S_\mathrm{i}}{N_\mathrm{i}}=\frac{A^2}{2n_0 B_\mathrm{FM}} \tag{3.93}$$

在计算输出信噪比时，由于鉴频器的非线性作用，使得无法分别分析信号与噪声的输出。因此，也与 AM 信号的非相干解调一样，考虑两种极端情况，即大信噪比情况和小信噪比情况。

3.4.2 大信噪比时的解调增益

在输入信噪比足够大的条件下，信号和噪声的相互作用可以忽略，这时可以把信号和噪声分开来计算。

设输入噪声为 0 时，可知解调器输出信号为

$$m_\mathrm{o}(t)=K_\mathrm{d}K_\mathrm{f}m(t)$$

故输出信号平均功率为

$$S_\mathrm{o}=\overline{m_\mathrm{o}^2(t)}=(K_\mathrm{d}K_\mathrm{f})^2\ \overline{m^2(t)} \tag{3.94}$$

现在来计算解调器输出端噪声的平均功率。假设调制信号 $m(t)=0$，则加到解调器输入端的是未调载波与窄带高斯噪声之和，即

$$\begin{aligned}A\cos\omega_\mathrm{c}t+n_\mathrm{i}(t)&=A\cos\omega_\mathrm{c}t+n_\mathrm{c}(t)\cos\omega_\mathrm{c}t-n_\mathrm{s}(t)\sin\omega_\mathrm{c}t\\&=[A+n_\mathrm{c}(t)]\cos\omega_\mathrm{c}t-n_\mathrm{s}(t)\sin\omega_\mathrm{c}t\\&=A(t)\cos[\omega_\mathrm{c}t+\psi(t)]\end{aligned} \tag{3.95}$$

包络 $$A(t)=\sqrt{[A+n_\mathrm{c}(t)]^2+n_\mathrm{s}^2(t)} \tag{3.96}$$

相位偏移 $$\psi(t)=\arctan\frac{n_\mathrm{s}(t)}{A+n_\mathrm{c}(t)} \tag{3.97}$$

在大信噪比时，即 $A\gg n_\mathrm{c}(t)$ 和 $A\gg n_\mathrm{s}(t)$ 时，相位偏移 $\psi(t)$ 可近似为

$$\psi(t)=\arctan\frac{n_\mathrm{s}(t)}{A+n_\mathrm{c}(t)}\approx\arctan\frac{n_\mathrm{s}(t)}{A} \tag{3.98}$$

当 $x\ll1$ 时，有 $\arctan x\approx x$，故

$$\psi(t)\approx\frac{n_\mathrm{s}(t)}{A} \tag{3.99}$$

故由于鉴频器的输出正比于输入的频率偏移，故鉴频器的输出噪声（在假设调制信号为 0 时，解调结果只有噪声）为

$$n_\mathrm{d}(t)=K_\mathrm{d}\frac{\mathrm{d}\psi(t)}{\mathrm{d}t}=\frac{K_\mathrm{d}}{A}\frac{\mathrm{d}n_\mathrm{s}(t)}{\mathrm{d}t} \tag{3.100}$$

式中：$n_\mathrm{s}(t)$ 是窄带高斯噪声 $n_\mathrm{i}(t)$ 的正交分量。

由于 $\mathrm{d}n_\mathrm{s}(t)/\mathrm{d}t$ 实际上就是 $n_\mathrm{s}(t)$ 通过理想微分电路的输出，故它的功率谱密度应等于 $n_\mathrm{s}(t)$ 的功率谱密度乘以理想微分电路的功率传输函数。理想微分电路的功率传输函数为

$$|H(f)|^2=|\mathrm{j}2\pi f|^2=(2\pi)^2 f^2 \tag{3.101}$$

则鉴频器输出噪声 $n_\mathrm{d}(t)$ 的双边功率谱密度为

$$P_d(f) = \left(\frac{K_d}{A}\right)^2 |H(f)|^2 P_i(f) = \left(\frac{K_d}{A}\right)^2 (2\pi)^2 f^2 n_0, \quad |f| < \frac{B_{FM}}{2} \tag{3.102}$$

鉴频器前、后的噪声功率谱密度如图 3.26 所示。

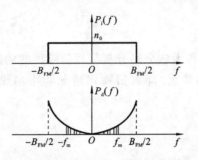

图 3.26 鉴频器前、后的噪声功率谱密度

由图 3.26 可见,鉴频器输出噪声 $n_d(t)$ 的功率谱密度已不再是均匀分布,而是与频率的平方成正比。该噪声再经过低通滤波器的滤波,滤除调制信号带宽 $f_m\left(f_m < \frac{1}{2}B_{FM}\right)$ 以外的频率分量,故最终解调器输出(LPF 输出)的噪声功率(图中阴影部分)为

$$N_o = \int_{-f_m}^{f_m} P_d(f)\,df = \int_{-f_m}^{f_m} \frac{4\pi^2 K_d^2 n_0}{A^2} f^2\,df$$

$$= \frac{8\pi^2 K_d^2 n_0 f_m^3}{3A^2} \tag{3.103}$$

于是,FM 非相干解调器输出端的输出信噪比为

$$\frac{S_o}{N_o} = \frac{3A^2 K_f^2 \,\overline{m^2(t)}}{8\pi^2 n_0 f_m^3} \tag{3.104}$$

为使式子具有简洁的结果,考虑 $m(t)$ 为单一频率余弦波时的情况,即

$$m(t) = \cos\omega_m t$$

这时的调频信号为

$$s_{FM}(t) = A\cos[\omega_c t + m_f \sin\omega_m t] \tag{3.105}$$

其中,

$$m_f = \frac{K_f}{\omega_m} = \frac{\Delta\omega}{\omega_m} = \frac{\Delta f}{f_m} \tag{3.106}$$

将这些关系代入上面输出信噪比公式,可得

$$\frac{S_o}{N_o} = \frac{3}{2} m_f^2 \frac{A^2/2}{n_0 f_m} \tag{3.107}$$

由以上式子可得解调器的制度增益为

$$G_{FM} = \frac{S_o/N_o}{S_i/N_i} = \frac{3}{2} m_f^2 \frac{B_{FM}}{f_m} \tag{3.108}$$

考虑在宽带调频时,信号带宽为

$$B_{FM} = 2(m_f + 1)f_m = 2(\Delta f + f_m)$$

所以,上式还可以写成

$$G_{FM} = 3m_f^2(m_f + 1) \tag{3.109}$$

当 $m_f \gg 1$ 时,有近似式

$$G_{FM} \approx 3m_f^3 \tag{3.110}$$

上式结果表明,在大信噪比情况下,宽带调频系统的制度增益是很高的,即抗噪声性能好。例如,调频广播中常取 $m_f = 5$,则制度增益 $G_{FM} = 450$。也就是说,加大调制指数,可使调频系统的抗噪声性能迅速改善。为了更好地说明在大信噪比情况下,宽带调频系统具有高的抗噪声性能这一特点,我们将调频系统与调幅系统做一比较。在大信噪比情况下,AM 信号包络检波器的输出信噪比为

$$\frac{S_o}{N_o}=\frac{\overline{m^2(t)}}{n_oB}$$

若设 AM 信号为 100% 调制，且 $m(t)$ 为单频余弦波信号，则 $m(t)$ 的平均功率为

$$\overline{m^2(t)}=\frac{A^2}{2}$$

因而

$$\frac{S_o}{N_o}=\frac{A^2/2}{n_oB} \tag{3.111}$$

式中：B 为 AM 信号的带宽，它是基带信号带宽的 2 倍，即 $B=2f_m$，故有

$$\frac{S_o}{N_o}=\frac{A^2/2}{2n_of_m} \tag{3.112}$$

将两者相比，得到

$$\frac{(S_o/N_o)_{FM}}{(S_o/N_o)_{AM}}=3m_f^2 \tag{3.113}$$

可见，宽带调频输出信噪比相对于调幅的改善与它们带宽比的平方成正比。这就意味着，对于调频系统来说，增加传输带宽就可以改善抗噪声性能。调频方式的这种以带宽换取信噪比的特性是十分有益的。在调幅制中，由于信号带宽是固定的，无法进行带宽与信噪比的互换，这也正是在抗噪声性能方面调频系统优于调幅系统的重要原因。

由此我们得到如下结论：在大信噪比情况下，调频系统的抗噪声性能将比调幅系统优越，且其优越程度将随传输带宽的增加而提高。但是，FM 系统以带宽换取输出信噪比改善并不是无止境的。随着传输带宽的增加，输入噪声功率增大，在输入信号功率不变的条件下，输入信噪比下降，当输入信噪比降到一定程度时就会出现门限效应，输出信噪比将急剧恶化。

3.4.3 小信噪比时的门限效应

以上分析结果都是在输入信噪比 $(S_i/N_i)_{FM}$ 足够大的条件下得到的。当 S_i/N_i 低于一定数值时，解调器的输出信噪比 S_o/N_o 急剧恶化，这种现象称为调频信号解调的门限效应。出现门限效应时所对应的输入信噪比值称为门限值，记为 $(S_i/N_i)_b$。

单音调制时，在不同调制指数下，调频解调器的输出信噪比与输入信噪比的关系曲线如图 3.27 所示。

由图 3.27 可见，门限值与调制指数 m_f 有关。m_f 越大，门限值越高。不过，对于不同 m_f 时，门限值的变化不大，在 8～11 dB 的范围内变化，一般认为门限值为 10 dB 左右。在门限值以上时，$(S_o/N_o)_{FM}$ 与 $(S_i/N_i)_{FM}$ 呈线性关系，且 m_f 越大，输出信噪比的改善越明显。在门限值以下时，$(S_o/N_o)_{FM}$ 将随 $(S_i/N_i)_{FM}$ 的下降而急剧下降，且 m_f 越大，$(S_o/N_o)_{FM}$ 下降越快。

门限效应是 FM 系统存在的一个实际问题。尤其在采用调频制的远距离通信和卫星通信等领域中，人

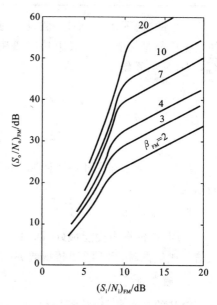

图 3.27 调频解调器制度增益的曲线

们对调频接收机的门效应十分关注,希望门限点向低输入信噪比方向扩展。降低门限值(也称门限扩展)的方法有很多,例如,可以采用锁相环解调器和负反馈解调器,它们的门限比一般鉴频器的门限电平低 6~10 dB。另外,还可以采用"预加重"和"去加重"技术来进一步改善调频解调器的输出信噪比。实际上,这也相当于改善了门限值。

3.5　各种模拟调制系统的比较

为了便于在实际中合理选用以上各种模拟调制系统,归纳列出了各种系统的传输带宽、输出信噪比 S_o/N_o、设备复杂程度和主要应用。表中的 S_o/N_o 一栏是在"同等条件下"得到的结果。各种模拟调制系统的比较如表 3.1 所示。

表 3.1　各种模拟调制系统的比较

序号	调制方式	传输带宽	S_o/N_o	设备复杂程度	主要应用
1	AM	$2f_m$	$\left(\dfrac{S_o}{N_o}\right)_{AM}=\dfrac{1}{3}\left(\dfrac{S_i}{n_0 f_m}\right)$	简单	中短波无线电广播
2	DSB	$2f_m$	$\left(\dfrac{S_o}{N_o}\right)_{DSB}=\left(\dfrac{S_i}{n_0 f_m}\right)$	中等	应用较少
3	SSB	f_m	$\left(\dfrac{S_o}{N_o}\right)_{SSB}=\left(\dfrac{S_i}{n_0 f_m}\right)$	复杂	短波无线电广播、语音频分复用、载波通信、数据传输
4	VSB	略大于 f_m	$\left(\dfrac{S_o}{N_o}\right)_{SSB}=\left(\dfrac{S_i}{n_0 f_m}\right)$	复杂	电视广播、数据传输
5	FM	$2(m_f+1)f_m$	$\left(\dfrac{S_o}{N_o}\right)_{FM}=\dfrac{3}{2}m_f^2\left(\dfrac{S_i}{n_0 f_m}\right)$	中等	超短波小功率电台、调频立体声广播、高质量通信

这里的"同等条件"是指:假设所有系统在接收机输入端具有相等的输入信号功率 S_i,且加性噪声都是均值为 0、双边功率谱密度为 $n_0/2$ 的高斯白噪声,基带信号 $m(t)$ 的带宽均为 f_m,并在所有系统中都满足

$$\begin{cases} \overline{m(t)}=0 \\ \overline{m^2(t)}=\dfrac{1}{2} \\ |m(t)|_{max}=1 \end{cases} \tag{3.114}$$

例如,$m(t)$ 为正弦信号;同时,所有的调制与解调系统都具有理想的特性。其中,AM 的调幅度为 100%。

1. 抗噪声性能

WBFM 抗噪声性能最好,DSB、SSB、VSB 抗噪声性能次之,AM 抗噪声性能最差。当输入信噪比较高时,FM 的调频指数 m_f 越大,抗噪声性能越好。

2. 频带利用率

SSB 的带宽最窄,其频带利用率最高;FM 占用的带宽随调频指数 m_f 的增大而增大,其频带利用率最低。可以说,FM 是以牺牲有效性来换取可靠性的。因此,m_f 值的选择要从通信

质量和带宽限制两方面考虑。对于高质量通信(高保真音乐广播、电视伴音、双向式固定或移动通信、卫星通信和蜂窝电话系统)采用 WBFM, m_f 值选大些。对于一般通信,要考虑接收微弱信号,带宽窄些,噪声影响小,常选用 m_f 较小的调频方式。

3. 特点与应用

(1) AM 调制:优点是接收设备简单;缺点是功率利用率低,抗干扰能力差。AM 主要用在中波和短波调幅广播。

(2) DSB 调制:优点是功率利用率高,且带宽与 AM 的相同;缺点是设备较复杂。DSB 应用较少,一般用于点对点专用通信。

(3) SSB 调制:优点是功率利用率和频带利用率都较高,抗干扰能力和抗选择性衰落能力均优于 AM,而带宽只有 AM 的一半;缺点是发送和接收设备都复杂。SSB 常用于频分多路复用系统中。

(4) VSB 调制:抗噪声性能和频带利用率与 SSB 的相当。VSB 在电视广播等系统中得到了广泛应用。

(5) FM 调制:优点是抗干扰能力强;缺点是频带利用率低,存在门限效应。FM 广泛应用于长距离、高质量的通信系统中。

习 题

1. 何为调制?调制在通信系统中的作用是什么?

2. 什么是线性调制?常见的线性调制有哪些?

3. AM 信号的波形和频谱有哪些特点?

4. DSB 调制系统和 SSB 调制系统的抗噪声性能是否相同,为什么?

5. 什么是频率调制?什么是相位调制?两者关系如何?

6. 调频立体声广播中,音乐信号最高频率为 $f_H = 15$ kHz,最大频偏 $\Delta f = 75$ kHz,求调频信号的带宽 B_W。

7. 已知调制信号 $m(t) = \cos 2000\pi t$,载波为 $2\cos 10^4 \pi t$,分别写出 AM、DSB、USB、LSB 信号的时域表达式,并画出频谱图。

8. 已知 AM 信号的表达式为

$$s_{AM}(t) = A[1 + m\cos\omega_m t]\cos\omega_c t$$

式中:m 为调幅系数,定义为调制信号的最大振幅 A_m 与载波最大振幅 A 的比值;ω_m 为调制角频率;ω_c 为载波角频率。

试写出:

(1) 上下边频的振幅与载波振幅的关系;

(2) 边带功率与载波功率的关系;

(3) 如果载波功率为 1 kW,计算最大边带功率;

(4) AM 信号的频谱表达式。

9. 已知 AM 信号的表达式为

$$s_{AM}(t) = (5 + 2\cos 10^3 \pi t)\cos(6\pi \times 10^6 t)$$

试确定:(1) 未调载波和调制信号;

(2) 载波频率、调制频率和调幅系数;

(3) 载波功率、边带功率及其关系;

(4) 调制效率和满调幅时的调制效率;

(5) 能否采用包络检波法解调该 AM 信号? 并说明理由。

10. 对抑制载波的双边带信号进行相干解调,设解调器输入信号功率为 2 mW,载波频率为 100 kHz,并设调制信号 $m(t)$ 的频带限制在 4 kHz,信道噪声双边功率谱密度 $P_n(f) = 2 \times 10^{-9}$ W/Hz。试求:

(1) 接收机中理想带通滤波器的传输特性 $H(\omega)$;

(2) 解调器输入端的信噪功率比;

(3) 解调器输出端的信噪功率比;

(4) 解调器输出端的噪声功率谱密度。

11. 设 FM 信号的表达式为

$$s_{FM}(t) = 1000\cos(2\pi \times 10^8 t + 3\sin 10^4 \pi t)$$

若将信号加至 50 Ω 的天线,试确定:

(1) 发射功率;

(2) 载波频率 f_c 和调制频率 f_m;

(3) 调频指数 m_f;

(4) 峰值频偏和信号带宽。

12. 某角调波为

$$S_m(t) = 10\cos(2 \times 10^6 \pi t + 10\cos 2000\pi t)$$

试确定:(1) 最大频偏、最大相移和信号带宽;

(2) 该信号是 FM 信号还是 PM 信号?

答　案

1. 所谓调制,就是把信号转换成适合在信道中传输的形式的一种过程。作用:① 将基带信号变换成适合在信道中传输的已调信号;② 实现信道的多路复用;③ 改善系统抗噪声性能。

2. 正弦载波的幅度随调制信号做线性变化的过程。从频谱上说,已调信号的频谱结构与基带信号的频谱结构相同,只是频率位置发生变化。常见的线性调制有调幅,双边带、单边带和残留边带调制。

3. AM 波的包络与调制信号的形状完全一样;AM 信号的频谱由载频分量、上边带、下边带三部分组成。上边带的频谱结构和原调制信号的频率结构相同,下边带是上边带的镜像。

4. 相同。如果解调器的输入噪声功率密度相同,输入信号功率也相同,则单边带和双边带在解调器输出的信噪比是相等的。

5. 所谓频率调制 FM,是指瞬时频率偏移随调制信号成比例变化;所谓相位调制 PM 是指瞬时相位偏移随调制信号线性变化。FM 和 PM 之间可以相互转换,将调制信号先微分,后进行调频则得到相位波;将调制信号先积分,而后进行调相则得到调频波。

6. $B_W = 2(f_H + \Delta f) = 2 \times (15 + 75) \text{ kHz} = 180 \text{ kHz}$

7. $S_{AM}(t) = 2A_0 \cos 10^4 \pi t + \cos 1.2 \times 10^4 \pi t + \cos 0.8 \times 10^4 \pi$

$S_{DSB}(t) = \cos 1.2 \times 10^4 \pi t + \cos 0.8 \times 10^4 \pi$

$S_{USB}(t) = \cos 1.2 \times 10^4 \pi t$

$S_{LSB}(t) = \cos 0.8 \times 10^4 \pi t$

8. (1) $s_{AM}(t) = A \cos \omega_c t + \dfrac{mA}{2} \cos(\omega_c - \omega_m)t + \dfrac{mA}{2} \cos(\omega_c + \omega_m)t$，可见，载波振幅为 A，上、下边频的振幅为 $mA/2$。

(2) 边带功率：$P_s = P_{USB} + P_{LSB} = \dfrac{1}{2} m^2 P_c$；载波功率：$P_c = \overline{(A\cos\omega_c t)^2} = \dfrac{A^2}{2}$。

(3) $P_s = \dfrac{1}{2} P_c = 500 \text{ W}$

$S_{AM}(\omega) = A\pi [\delta(\omega + \omega_c) + \delta(\omega - \omega_c)] + \dfrac{mA}{2} \pi [\delta(\omega + \omega_c - \omega_m) + \delta(\omega - \omega_c + \omega_m)]$

(4) $\dfrac{mA}{2} \pi [\delta(\omega + \omega_c + \omega_m) + \delta(\omega - \omega_c - \omega_m)]$

9. (1) $m(t) = A_m \cos(2\pi f_m t) = 2\cos 10^3 \pi t$

(2) 载波频率：$f_c = 6\pi \times 10^6 / (2\pi) = 3 \times 10^6 \text{ Hz}$

调制频率：$f_m = 10^3 \pi / (2\pi) = 500 \text{ Hz}$

调幅系数：$m = 2/5$

(3) 载波功率：$P_c = \dfrac{A_0^2}{2} = \dfrac{5^2}{2} \text{ W} = 12.5 \text{ W}$

边带功率：$P_s = \dfrac{1}{2} m^2 P_c = \dfrac{1}{2} \left(\dfrac{2}{5}\right)^2 \times 12.5 \text{ W} = 1 \text{ W}$

(4) 调制效率：$\eta_{AM} = \dfrac{P_s}{P_{AM}} = \dfrac{P_s}{P_c + P_s} = \dfrac{1}{12.5 + 1} = 0.074$

满调幅（$m = 1$）时，$P_s = P_c / 2$，则调制效率为

$$\eta_{AM} = \frac{P_s}{P_c + P_s} = \frac{P_c / 2}{P_c + P_c / 2} = \frac{1}{3}$$

(5) 可以。因为调幅系数 $m = 2/5$，小于 1，不会发生过调幅，所以 AM 信号的包络能够反映调制信号 $m(t)$ 的变化规律。

10. (1) $H(\omega) = \begin{cases} K(\text{常数}), & 96 \text{ kHz} \leqslant |f| \leqslant 104 \text{ kHz} \\ 0, & \text{其他} \end{cases}$

(2) $S_i = 2 \text{ mW} = 2 \times 10^{-3} \text{ W}$，则

$N_i = 2P_n(f)B = 2 \times 2 \times 10^{-3} \times 10^{-6} \times 8 \times 10^3 \text{ W} = 32 \times 10^{-6} \text{ W}, S_i / N_i = 62.5$

(3) $G_{DSB} = 2, S_o / N_o = 2S_i / N_i = 2 \times 62.5 = 125$

(4) $N_0 = \dfrac{1}{4} N_i = 8 \times 10^{-6} \text{ W}$，则

$$P_{n0}(f) = \frac{N_0}{2f_m} = \frac{8 \times 10^{-6}}{8 \times 10^3} \text{ W/Hz} = 10^{-9} \text{ W/Hz}, \quad |f| \leqslant 4 \text{ kHz}$$

11. (1) 发射功率：$P_T = \dfrac{1000^2 / 2}{50} \text{ W} = 10 \text{ kW}$

(2) $f_c = (2\pi \times 10^8)/(2\pi) = 10^8$ Hz $= 100$ MHz, $f_m = \dfrac{\pi \times 10^4}{2\pi}$ Hz $= 5$ kHz

(3) $m_f = 3$

(4) $\Delta f = |3\pi \times 10^4 \cos(\pi \times 10^4 t)|_{\max}/2\pi = 15$ kHz

$\qquad B_{FM} = 2(m_f + 1)f_m = 2(\Delta f + f_m) = 40$ kHz

12. (1) 最大频偏：$\Delta f = 10 \times 2000\pi/(2\pi)$ Hz $= 10$ kHz

调频指数：$m_f = \dfrac{\Delta f}{f_m} = \dfrac{10 \times 10^3}{10^3} = 10$，则最大相移：$\Delta\theta = 10$ rad

FM 波与 PM 波带宽形式相同，即：$B_{FM} = 2(m_f + 1)f_m$，$B_{PM} = 2(\Delta\theta + 1)f_m$，所以，带宽为

$\qquad B = 2(10+1)$ kHz $= 22$ kHz

(2) 因为不知调制信号 $m(t)$ 的形式，所以无法确定该角调波 $S_m(t)$ 究竟是 FM 信号还是 PM 信号。

4　模拟信号的数字化

4.1　引言

　　前面已经讲过,通信系统分为模拟通信系统和数字通信系统,分别用于传输模拟信号和数字信号。然而若要求输入端和输出端的信号为模拟信号,但使用系统却是数字通信系统时,就必须将模拟信号进行数字化转化,使传输信号与传输系统匹配。为了实现这一匹配,在数字通信系统的接收端和发送端,分别需要增加一个模/数(A/D)转换器和数/模(D/A)转换器。

　　模拟信号是使用连续变化的物理量,如时间、幅度、频率、相位等表示的信息。数字信号是取值个数有限的不连续信号。模拟信号数字化就是将模拟信号转换成可以用有限个数值表示的离散序列,通常有三大类方法:波形编码、参量编码和混合编码。波形编码是直接把时域波形变换为数字代码序列,数据速率通常在 16 Kb/s～64 Kb/s 范围内,接收端重建信号的质量好。参量编码是利用信号处理技术,提取语音信号的特征参量,将这些参量或其预测值进行编码,在接收端用这些特征参数去控制语音信号的合成电路,合成出发送端发送的语音信号。其数据速率在 16 Kb/s 以下,最低可到 1 Kb/s 左右,但接收端重建信号的质量不够好。混合编码是前两种编码的混合应用。本章重点介绍语音信号的波形编码原理。

　　波形编码主要包括脉冲编码调制(PCM)和增量调制(ΔM)。采用脉冲编码调制的数字传输系统通常包括采样、量化和编码三个过程,如图 4.1 所示。

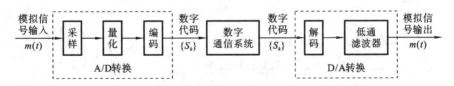

图 4.1　模拟信号的数字传输

　　采样是使模拟信号在时间上离散化,变成采样信号;量化是用有限的幅度值近似原来连续变化的幅度值,使采样信号变成有限个离散电平;编码是按一定的规律将量化后的信号编码成一个二进制码组,最后通过数字通信系统传输,信号变换波形图如图 4.2 所示。通过 PCM 编码后得到的数字基带信号可以直接在系统中传输,这种传输方式称为基带传输;也可以通过调制将基带信号的频谱搬移到合适信道的频带范围内传输,这种传输方式称为频带传输。

　　接收端的 D/A 转换包括解码和低通滤波两部分,解码可以看成是编码的反过程,是将接收到的 PCM 编码还原为采样信号的量化值。低通滤波器可以将离散的量化值重建为原始的模拟信号。

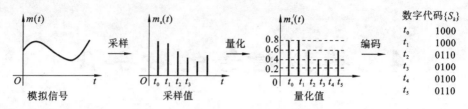

图 4.2 A/D 变换

4.2 模拟信号的抽样

抽样是 A/D 转换的第一步,抽样定理是任何模拟信号数字化的理论基础。一般而言,抽样间隔越宽,量化越粗,信号数据处理量少,但精度不高,甚至可能失掉信号最重要的特征。因此在抽样时,需要考虑使用什么样的频率对模拟信号 $m(t)$ 进行抽样,才能保证在接收端将抽样信号 $m_s(t)$ 还原为初始信号 $m(t)$。

根据模拟信号是低通信号还是带通信号,抽样定理分为低通信号抽样定理和带通信号抽样定理。根据抽样脉冲序列是冲激序列还是非冲激序列,还可以分为理想抽样和实际抽样。

4.2.1 理想抽样

当抽样脉冲序列是单位冲激序列时,令模拟信号 $m(t)$ 与周期为 T_s 的冲激函数 $\delta_T(t)$ 相乘,以得到抽样信号 $m_s(t)$,这种抽样称为理想抽样,如图 4.3 所示。

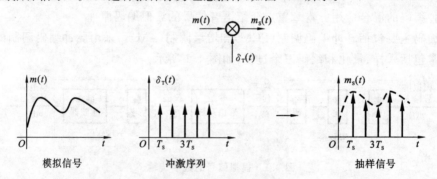

图 4.3 理想抽样原理图

由于模拟信号可分为带通信号和低通信号:带通信号的频率范围可设为 $f_L \sim f_H$,且 $f_L \geqslant f_H - f_L$,如一般的频带信号;若 $f_L < f_H - f_L$,则为低通信号,如语音信号、一般的基带信号。因此,在进行抽样时,需要分为以下两种情况。

1. 低通信号的抽样定理

根据理想抽样原理可知,抽样信号 $m_s(t)$ 由模拟信号 $m(t)$ 与周期冲激函数 $\delta_T(t)$ 相乘得到,即时域表达式为

$$m_s(t) = m(t) \cdot \delta_T(t) = m(t) \sum_{n=-\infty}^{\infty} \delta(t - nT_s) \tag{4.1}$$

将上式进行傅里叶变换,则可得到频域表达式:

$$M_s(\omega) = \frac{1}{2\pi}\big[M(\omega) * \delta_T(\omega)\big] = \frac{1}{2\pi}\Big[M(\omega) * \frac{2\pi}{T_s}\sum_{n=-\infty}^{\infty}\delta(\omega - n\omega_s)\Big]$$

$$= \frac{1}{T_s}\Big[M(\omega) * \sum_{n=-\infty}^{\infty}\delta(\omega - n\omega_s)\Big] = \frac{1}{T_s}\Big[\sum_{-\infty}^{\infty}M(\omega - n\omega_s)\Big] \tag{4.2}$$

其频谱图如图 4.4 所示。

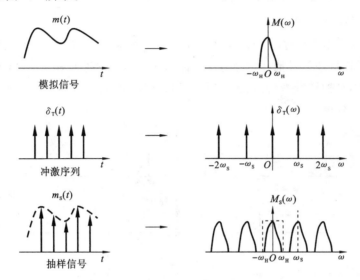

图 4.4　低通信号抽样信号波形及其频谱

由图 4.4 可见,对低通信号进行抽样后,其频谱是低通信号频谱以抽样脉冲的频率为周期进行扩展形成的周期性频谱,当 $\omega_s = 2\omega_H$ 时,抽样信号的周期性频谱无混叠现象,可以直接通过截止角频率为 ω_H 的理想低通滤波器无失真地恢复原始模拟信号。这就是低通信号的理想抽样定理。因此对于最高频率为 f_H 的低通信号而言,能够无失真重建原始信号所需要的最小抽样频率 $f_{s(\min)}$ 即为 $2f_H$,该抽样频率也称为奈奎斯特抽样频率。而最大抽样间隔 $T_{s(\max)}$ 即为 $1/(2f_H)$,该抽样间隔也称为奈奎斯特抽样间隔。

但是如果 $\omega_s < 2\omega_H$ 时,则抽样信号的周期频谱间会产生混叠现象,如图 4.5 所示,此时无法通过低通滤波器无失真地恢复原始模拟信号。

由于实际使用的滤波器做不到理想滤波器这么好,为了能更好地恢复信号,通常要求抽样频率 $f_s > 2f_H$,考虑到实际滤波器的可实现性,一般取 f_s 为 $2.5f_H \sim 5f_H$,以避免

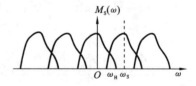

图 4.5　抽样信号频谱出现混叠现象

失真。例如,语音信号的频率一般为 $300 \sim 3400$ Hz,ITU-T 规定单路语音信号的采样频率为 8000 Hz。此时会在采样信号的频谱之间形成防卫带,此时的防卫带为 $f_s - 2f_H = 8000 - 6800 = 1200$ Hz。通常抽样频率 f_s 越高,对防止频谱混叠越有利,但也会引起码元速率的提高,而这个是通信系统中不希望看到的。因此,采样频率一般会选择 $2.5f_H \sim 5f_H$。

【例 4.1】　已知一信号时域表达式为 $m(t) = 2\cos 2\pi t + 5\cos 20\pi t$,对其进行理想抽样,问:

(1) 根据理想抽样定理,其奈奎斯特抽样频率和奈奎斯特抽样间隔分别为多少?

(2) 考虑到实际应用中低通滤波器的特性,为了能够不失真地恢复原始信号,抽样频率应

如何选择？

解 根据信号时域表达式可得到两个角频率，即 2π 和 20π，因此其频率范围为 $1\sim10$ Hz，为低通信号。

（1）根据低通信号理想抽样定理 $f_s\geqslant2f_H$，其奈奎斯特抽样频率为 20 Hz，奈奎斯特抽样间隔为 0.05 s。

（2）考虑到实际滤波器滤波特性，抽样频率应选择 $2.5f_H\sim5f_H$，即 $50\sim100$ Hz。

2. 带通信号的抽样定理

带通信号的频率范围为 $f_L\sim f_H$，且 $f_L\geqslant f_H-f_L$，如果 $f_L\gg f_H-f_L$ 时，根据以上抽样过程的频谱分析，采用低通信号抽样定理可以保证抽样频谱不发生混叠现象，但却会导致抽样频率过高，实现困难，且抽样频谱会出现大段得不到利用的空隙（见图 4.6），并不可取。那么，带通信号应该如何取样呢？

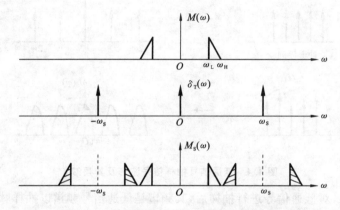

图 4.6 带通信号以 $2f_H$ 频率抽样频谱图

设带通型模拟信号 $m(t)$ 的最高频率为 f_H，最低频率为 f_L，其带宽 $B=f_H-f_L$，与 f_H 的关系表示为 $f_H=nB+kB(0\leqslant k<1)$。当 $k=0$ 时，可以取 $f_{s(\min)}=2B$，此时抽样频谱既没有重叠也不会留下空隙。例如，取 $n=3$ 时，可得到如图 4.7 所示的频谱图。当 $k\neq0$ 时，可以取 $f_{s(\min)}=2f_H/n=2B(1+k/n)$，此时抽样频谱没有重叠，但会有 0.5B 的空隙。例如，取 $n=2$，$k=0.5$ 时，可得到如图 4.8 所示的频谱图。

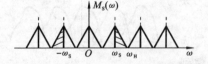
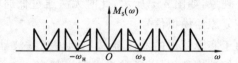

图 4.7 带通信号以 $2B$ 频率抽样频谱图　　图 4.8 带通信号以 $2B(1+k/n)$ 频率抽样频谱图

因此，带通信号抽样定理可描述为：若将带通信号 $m(t)$ 的带宽 B 和 f_H 的关系表示为 $f_H=nB+kB(0\leqslant k<1)$，那么取样频率 f_s 的取值应该为 $f_s=2f_H/n=2B(1+k/n)$，此时可以通过截止频率为 $f_L\sim f_H$ 的理想带通滤波器从抽样信号频谱 $M_s(f)$ 中滤出 $M(f)$，从而恢复原始信号 $m(t)$。

【例 4.2】 已知 12 路载波电话信号占有频率范围为 $84\sim108$ Hz，求出其最低抽样频率。

解 根据题意可知：

$$f_L=84\text{ Hz}, \quad f_H=108\text{ Hz}$$

可得 $B = f_{\mathrm{H}} - f_{\mathrm{L}} = 24\ \mathrm{Hz}$，可表示为

$$f_{\mathrm{H}} = 4B + 0.5B$$

根据带通信号抽样定理，有

$$f_{\mathrm{s(min)}} = 2f_{\mathrm{H}}/4 = 2B + 0.25B = 54\ \mathrm{Hz}$$

4.2.2 实际抽样

理想抽样要求抽样脉冲序列是理想冲激脉冲 $\delta_{\mathrm{T}}(t)$，但实际应用中理想冲激脉冲信号并不能实现，只能使用窄带脉冲串实现。用窄脉冲序列进行实际抽样有两种方式：自然抽样和平顶抽样。

1. 自然抽样

自然抽样是基带模拟信号 $m(t)$ 与矩形窄脉冲序列 $s(t)$ 的乘积，抽样之后的脉冲顶部随 $m(t)$ 相应时段的值变化而变化，因此自然抽样也称为曲顶抽样。

设 $m(t)$ 的频谱为 $M(\omega)$，$s(t)$ 的周期为 T_{s}（按照抽样定理确定，即 $T_{\mathrm{s}} \leqslant 1/2f_{\mathrm{H}}$），频谱为 $S(\omega)$，脉冲宽度为 t，幅度为 A，则自然抽样信号 $m_{\mathrm{s}}(t)$ 为 $m(t)$ 与 $s(t)$ 的乘积，即

$$m_{\mathrm{s}}(t) = m(t) \cdot s(t) \tag{4.3}$$

抽样信号 $m_{\mathrm{s}}(t)$ 的频谱就是两者频谱的卷积：

$$M_{\mathrm{s}}(\omega) = M(\omega) * S(\omega) = \frac{2\pi A\tau}{T_{\mathrm{s}}} \sum_{n=-\infty}^{\infty} Sa\left(\frac{tn\omega_{\mathrm{s}}}{2}\right) \delta(\omega - n\omega_{\mathrm{s}}) \tag{4.4}$$

频谱图如图 4.9 所示。

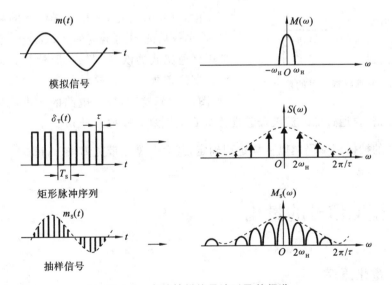

图 4.9　自然抽样信号波形及其频谱

可见，经过截止频率合适的理想低通滤波器，就可以从抽样信号 $m_{\mathrm{s}}(t)$ 中无失真地恢复原始的模拟信号了。

与理想抽样相比，对于自然抽样而言，抽样定理同样适用，接收端也可以通过理想低通滤波器恢复原始模拟信号。但不同的是，由于采用的载波不一样，自然抽样信号的频谱包络线按

抽样脉冲的规律变化,随着频率增高而下降,第一零点带宽为 $B=\dfrac{1}{\tau}$(Hz),而理想抽样频谱的包络线为一条直线。

2. 平顶抽样

平顶抽样又称为瞬时抽样,它与自然抽样的不同之处在于抽样后信号中的脉冲顶部是平坦的,脉冲幅度等于瞬时抽样值,原理上可以看作由理想抽样和脉冲形成电路产生,如图 4.10 所示。

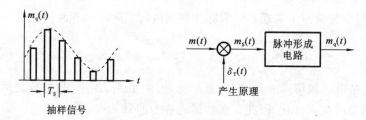

图 4.10 平顶抽样信号及产生原理框图

设脉冲形成电路的传输函数为 $H(\omega)$,则平顶抽样信号 $m_q(\omega)$ 的频谱 $M_q(\omega)$ 为

$$M_q(\omega) = M_s(\omega)H(\omega) = \frac{1}{T_s}H(\omega)\sum_{-\infty}^{\infty}M(\omega-n\omega_s) \tag{4.5}$$

取抽样角频率 $\omega_s=2\omega_H$,则平顶抽样信号频谱为

$$M_q(\omega) = \frac{At}{T_s}Sa\left(\frac{t\omega}{2}\right)\sum_{n=-\infty}^{\infty}M(\omega-2n\omega_H) \tag{4.6}$$

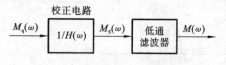

图 4.11 平顶抽样信号的恢复

由式(4.6)可见,平顶抽样信号的频谱 $M_q(\omega)$ 由 $H(\omega)$ 加权后的周期重复的 $M_q(\omega)$ 组成,因此不能直接用低通滤波器恢复(解调)原信号。但只要在低通滤波器之前加一个传输函数为 $1/H(\omega)$ 的校正电路(见图 4.11),这时,校正电路的输出信号频谱就是理想抽样信号频谱,再通过低通滤波器就能无失真地恢复原模拟信号 $m(t)$。

平顶抽样的抽样频率仍然以抽样定理确定,其第一零点带宽 $B=\dfrac{1}{\tau}$(Hz)。

4.3 模拟信号的量化

4.3.1 量化原理

模拟信号抽样后得到的抽样值在时间上是离散的,但在幅度上仍然是连续的。为了将所有抽样值都能够用有限个编码表示,必须将所有抽样值转变成有限个取值。量化就是将抽样信号幅值进行离散化处理的过程。量化后,模拟抽样值就变成有限个量化电平值。

量化过程可以认为是在一个量化器中完成的,如图 4.12 所示。量化器主要是将整个输入区域划分成多个区间,对落入每个区间的输入,以同一个输出电平 q_i 值作为输出,如图 4.13 所示。量化过程中划分的各区间分界记为 m_i，称为分层电平或阈值电平，所分区间的个数记为 M，称为量化电平数。通常情况下 M 常常取为 2 的幂次，可以记为 $M=2^n$，n 称为量化器的位数（或比特数）。

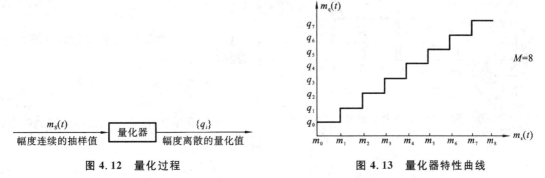

图 4.12　量化过程　　　　　　　　　图 4.13　量化器特性曲线

量化过程可以表达为

$$y=m_q(kT_s)=m_q\{m_i<m_s(kT_s)\leqslant m_{i+1}\}=q_i,\quad i=0,1,\cdots,M-1 \tag{4.7}$$

式中：m_i 为分层电平。通常把 $\Delta_i=m_{i+1}-m_i$ 称为量化间隔。

显然，在量化过程中，量化输出电平 q_i 和量化前信号的抽样值 $m_s(kT_s)$ 之间会产生误差，这种误差称为量化误差，可以用 $e(kT_s)$ 表示：

$$e(kT_s)=|抽样值-量化值|=|m_s(kT_s)-m_q(kT_s)| \tag{4.8}$$

对于语音、图像等随机信号而言，抽样值是随时间随机变化的，因此量化误差也是随时间变化的。量化误差就好像一个噪声叠加在原来的信号上起干扰作用，该噪声也称为量化噪声，通常用均方差（平均功率）来度量：

$$N_q=E[(m_s-m_q)^2]=\int_a^b(x-m_q)^2f(x)\mathrm{d}x=\sum_{i=0}^M\int_{m_i}^{m_{i+1}}(x-q_i)^2f(x)\mathrm{d}x \tag{4.9}$$

式中：E 表示统计平均；a，b 表示量化器输入信号 x 的取值范围；抽样值 $m_s(kT_s)$ 简记为 m_s，量化值 $m_q(kT_s)$ 简记为 m_q；$f(x)$ 表示量化器输入信号的概率密度；M 表示量化级数；m_i 表示第 $i+1$ 个量化级的起始电平；q_i 表示第 $i+1$ 个量化级的量化值。

量化噪声（误差）在接收时无法去掉，会影响通信质量，它对量化性能影响的程度可以用量化信噪比来衡量。量化信噪比定义为

$$\frac{S_o}{N_q}=\frac{E[m_s^2]}{E[(m_s-m_q)^2]} \tag{4.10}$$

式中：S_o 为量化器输出的信号功率；N_q 为量化噪声功率。

根据对输入信号量化间隔划分方式，量化可以分为均匀量化和非均匀量化。

4.3.2　均匀量化

把输入信号的取值域等间隔分割的量化称为均匀量化。在均匀量化中，每个量化区间的量化电平均取在各个区间的中点，如图 4.14 所示。量化间隔相等，且 $\Delta=m_{i+1}-m_i$，$q_i=m_i+\Delta/2$。

均匀量化是一种最基本的量化方法。假设量化器的最大量化范围为 $[-V,+V]$，M 个量化电平的均匀量化器的结构特点如下。

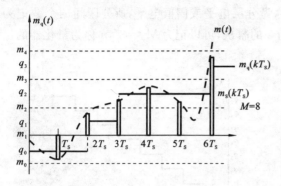

图 4.14 均匀量化曲线

（1）把整个输入区域均匀地划分为 M 个区间，各量化间隔（区间长度）相等，记为 Δ，则

$$\Delta = \frac{2V}{M} \tag{4.11}$$

（2） $M+1$ 个分层电平（端点）等间距排列，取值为

$$m_i = -V + i\Delta, \quad i = 0, 1, 2, \cdots, M \tag{4.12}$$

（3）量化输出电平一般取各区间的中点，取值为

$$q_i = \frac{m_i + m_{i+1}}{2}, \quad i = 1, 2, \cdots, M \tag{4.13}$$

在均匀量化时，根据式（4.9），量化噪声功率的平均值 N_q 可以表示为

$$N_q = E[(m_s - m_q)^2] = \int_{-V}^{V} (x - q_i)^2 f(x)\mathrm{d}x = \sum_{i=0}^{M} \int_{m_i}^{m_{i+1}} (x - q_i)^2 f(x)\mathrm{d}x \tag{4.14}$$

式中：$m_i = -V + i\Delta$；$q_i = -V + i\Delta + 0.5\Delta$。

信号 $m_s(kT_s)$ 的平均功率可以表示为

$$S_0 = E(m_s^2) = \int_{-V}^{V} x^2 f(x)\mathrm{d}x \tag{4.15}$$

当输入信号 $m_s(kT_s)$ 在区间 $[-V, V]$ 具有均匀概率密度函数，则均匀量化后的量化噪声功率为

$$N_q = \sum_{i=0}^{M} \int_{-V+i\Delta}^{-V+(i+1)\Delta} \{x - [-V + (i+0.5)\Delta]\}^2 \frac{1}{2V}\mathrm{d}x = \frac{M\Delta^3}{24V} = \frac{\Delta^2}{12} \tag{4.16}$$

输出信号功率为

$$S_o = \int_{-V}^{V} x^2 \left(\frac{1}{2V}\right)\mathrm{d}x = \frac{M^2}{12}\Delta^2 \tag{4.17}$$

因此，可得平均量化信噪比为

$$\frac{S_o}{N_q} = M^2 \tag{4.18}$$

或写为

$$\left(\frac{S_o}{N_q}\right)_{\mathrm{dB}} = 20\lg M \approx 6n \ (\mathrm{dB}) \tag{4.19}$$

式中：$M = 2^n$，n 为二进制编码位数。

由式（4.19）可见，编码位每增加 1 位，平均量化信噪比就提高 6 dB。

由式（4.16）可见，量化噪声功率 N_q 只与量化间隔 Δ 有关。对于均匀量化，Δ 是确定的，因而 N_q 固定不变。但是，信号的强度可能随时间变化而变化。当信号小时，量化信噪比也小。所以，均匀量化对于小输入信号很不利。

均匀量化的特点是，无论信号的大小如何，量化的间隔都相等，量化噪声功率固定不变。因此，均匀量化有一个明显的不足：小信号的量化信噪比太小，不能满足通信质量的要求。而大信号的量化信噪比较大，可以很好地满足要求。通常，把满足信噪比要求的输入信号取值范

围定为动态范围。可见,均匀量化时的信号动态范围受到较大限制,产生这一现象的原因是无论信号大小如何,均匀量化的量化间隔为固定值。为了解决小信号的量化信噪比太小的问题,若仍采取均匀量化,则需要减小量化间隔,即增加量化级数。但是当量化级数增大时,大信号的信噪比更大,而且编码更加复杂,信道的利用率也下降了。为了克服均匀量化的缺点,实际中,往往采取非均匀量化。

4.3.3 非均匀量化

非均匀量化根据信号的不同区间来确定量化间隔,即量化间隔 Δ 随信号抽样值的大小而变化,信号抽样值小时,量化间隔小,其量化误差也小;信号抽样值大时,量化间隔大,其量化误差也大。此时量化噪声功率基本上与信号采样值成比例,因此量化噪声对大、小信号的影响大致相同,改善了小信号时的信噪比。

在实际应用中,非均匀量化的实现方法通常采用压缩扩张技术(简称压扩技术),如图4.15所示。其中,压缩实际是对大信号压缩而小信号放大的过程。信号经过这种非线性压缩电路处理后,改变了大信号和小信号之间的比例关系,使大信号的比例基本不变或变得较小,而小信号相应的按比例增大,即"压大补小"。在接收端将接收到的信号再进行扩张,以恢复原始信号对应关系。压扩特性示意图如图 4.16 所示。

图 4.15 压扩技术实现非均匀量化

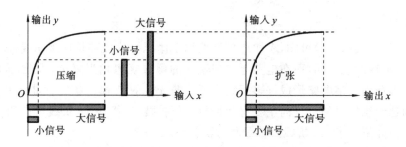

图 4.16 压扩特性示意图

关于电话信号的压缩特性,国际电信联盟(ITU)制定了两种建议,即 A 律压缩曲线(简称 A 律)和 μ 律压缩曲线(μ 律),以及相应的近似算法 A 律 13 折线法和 μ 律 15 折线法。我国大陆、欧洲各国以及国际间互联时采用 A 律及相应的 13 折线法,北美、日本和韩国等少数国家和地区采用 μ 律及 15 折线法。

1. A 律

A 律就是满足如下关系压缩特性:

$$y=\begin{cases} \dfrac{Ax}{1+\ln A}, & 0<x\leqslant \dfrac{1}{A} \\ \dfrac{1+\ln(Ax)}{1+\ln A}, & \dfrac{1}{A}\leqslant x\leqslant 1 \end{cases} \tag{4.20}$$

式中:x 为压缩器归一化输入电压;y 为压缩器归一化输出电压,即

$$x = \frac{压缩器输入电压}{压缩器可能的最大输入电压}, \quad y = \frac{压缩器输出电压}{压缩器可能的最大输出电压}$$

A 为压扩参数,表示压缩程度。当 $A=1$ 时,压缩特性是一条通过原点的直线,没有压缩效果;A 值越大压缩效果越明显。在国际标准中,$A=87.6$。

【例 4.3】 若已知 $A=87.6$,分析 A 律压缩特性对小信号量化信噪比的改善程度。

解 将 $A=87.6$ 代入式(4.20),并对其求微分,可以得到输出 y 对输入 x 的放大倍数,即

$$\frac{dy}{dx} = \begin{cases} \frac{A}{1+\ln A} = 16, & 0 < x \leq \frac{1}{A} \\ \frac{A}{(1+\ln A)Ax} = \frac{0.1827}{x}, & \frac{1}{A} \leq x \leq 1 \end{cases}$$

由上式可知,当信号 x 很小时,输出 y 比输入 x 放大了 16 倍。对经过压缩后的小信号再进行均匀量化,其量化间隔相当于无压缩特性时的 1/16,此时量化误差大大减小。而对于大信号而言,如 $x=1$,输出 y 是输入 x 的 0.1827 倍,其量化间隔相当于无压缩特性的 5.47 倍,量化误差增大,从而实现了"压大补小"。

2. μ 压缩律

μ 压缩律满足如下关系压缩特性:

$$y = \frac{\ln(1+\mu x)}{\ln(1+\mu)}, \quad 0 \leq x \leq 1 \tag{4.21}$$

式中:μ 为常数,它决定压缩程度。μ 越大,压缩效果越明显。$\mu=0$ 对应于均匀量化,一般取 $\mu=100$,也有取 $\mu=255$ 的。在小输入电平,即 $\mu \ll 1$ 时,μ 的特性近似于线性,而在高输入电平,即 $\mu \gg 1$ 时,μ 的特性近似为对数关系。

3. A 律 13 折线

由式(4.20)和式(4.21)可知,A 律压扩特性和 μ 律压扩特性都是连续曲线,A 和 μ 的取值不同得到的压扩特性也不同,而在电路上实现这样的函数规律相当复杂,因此,人们提出了数字压扩技术,即利用数字电路形成许多折线来近似非线性的 A 律压扩特性曲线和 μ 律压扩特性曲线,从而达到压扩目的。目前主要有两种数字压扩技术:A 律 13 折线压扩和 μ 律 15 折线压扩,这里主要介绍 A 律 13 折线近似量化方法。

A 律 13 折线是 A 压缩律的近似算法。它是用 13 段折线逼近 $A=87.6$ 的 A 律压缩特性的,其特性曲线正极性范围如图 4.17 所示,其中 x 和 y 分别表示归一化输入和输出。

A 律 13 折线的实现方法是:首先将 x 轴在 0～1 范围内不均匀分成 8 段,分段的方法是每次以 1/2 对分,如第一次在 0 到 1 之间的 1/2 处对分,第二次在 0 到 1/2 之间的 1/4 处对分,依次类推,可以得到分段点为 1/2、1/4、1/8、1/16、1/32、1/64 及 1/128;接着将 y 轴在 0～1 范围内均匀分成 8 段,每段间隔 1/8;最后将 x、y 各个对应段的交点连接起来,可以构成 8 个折线段。由于第一段和第二段的折线斜率均为 16,因此将正、负极性所有折线段连在一起,一共得到 13 个折线段,因此称为 13 折线。

将 x 轴上的每一段均匀分为 16 个量化级,一共可以得到 128 个量化级;在 x 轴,第 1、2 段最短,量化间隔最小,为 1/2048,称为最小量化单位;第 8 段最长,量化间隔为 1/32,包含 64 个最小量化单位。

将 13 折线分段时的 x 值和 A 律压扩特性($A=87.6$)的 x 进行对比,如表 4.1 所示,可发

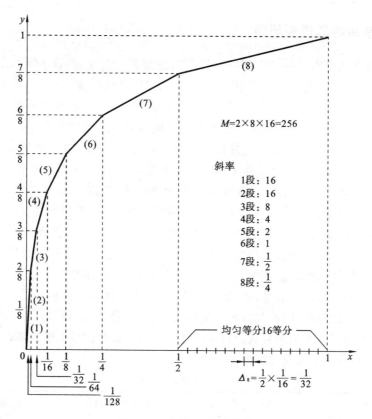

图 4.17　A 律 13 折线特性

现,13 折线各段落的分界点与 $A=87.6$ 压扩特性曲线十分接近。

表 4.1　13 折线分段时的 x 值和 A 律压扩特性($A=87.6$)的 x 值比较表

段落序号	1	2	3	4	5	6	7	8
斜率	16	16	8	4	2	1	1/2	1/4
y	1/8	2/8	3/8	4/8	5/8	6/8	7/8	1
A 律压扩曲线的 x	1/128	1/60.6	1/30.6	1/15.4	1/7.79	1/3.93	1/1.98	1
13 折线的 x	1/128	1/64	1/32	1/16	1/8	1/4	1/2	1

4.4　A 律 PCM 编码

模拟信号 $m(t)$ 经过抽样量化以后,得到输出量化电平序列 $\{m_q\}$,它一共有 M 个电平。如果直接传输 M 进制的信号,抗噪性很差,通常要把 M 进制变换为 n 位二进制数字信号($2^n \geqslant M$)。接收端收到二进制码的序列再经过译码还原成 M 进制信号。将模拟信号数字化,然后使已量化的值变成代码,这个过程称为脉冲编码调制(PCM)。用二进制码组来表示量化电平的过程称为编码,将二进制码组还原成量化电平的过程称为译码或者解码。

4.4.1 常用的二进制码组

常用的二进制码型有自然二进制码和折叠二进制码。例如,假设 $M=16$,量化编号分别为 $0,1,2,3,\cdots,15$,输入信号取值范围为 $-8\sim+8$ V,量化间隔 $\Delta=1$ V,量化电平分别为 -7.5 V,-6.5 V,-5.5 V,$\cdots$,$+6.5$ V,$+7.5$ V 等 16 个电平,则其 4 位自然二进制码和折叠二进制码如表 4.2 所示。其中,第 0 至第 7 个量化值对应负极性电平;第 8 至第 15 个量化值对应正极性电平。自然二进制码直接以量化级序号的二进制码进行编码,因此这两部分之间没有什么联系。折叠二进制码是用最高位表示极性,其他位用于表示电平的绝对值,因此除其最高符号位相反外,上下两部分呈现映像关系,或称折叠关系。

与自然二进制码相比,折叠二进制码在表示双极性信号时,在用最高位表示极性后,可以用单极性编码的方式处理,使编码电路和编码过程大大简化。另外,折叠二进制码还能减小误码对小信号的影响。例如,小信号码组 1000 在传输或处理过程发生符号错误变成 0000,从表4.2 可见,若该码组为自然二进制码,则误差是 8 个量化级,而若为折叠二进制码,误差只有 1个量化级。但这只针对于小信号,若为大信号,如码组 1111,在传输过程中出现误码变为0111,若其为自然二进制码,则误差为 8 个量化级,而为折叠二进制码时,误差增大为 15 个量化级。因此,折叠码只对小信号有利。通常语音信号的小幅度信号出现概率较大,因此折叠码有利于减小语音信号的平均量化噪声。

表 4.2 常用二进制码型

量化级编号	量化电平	自然二进制编码	折叠二进制码
15	$7\Delta+0.5\Delta$	1111	1111
14	$6\Delta+0.5\Delta$	1110	1110
13	$5\Delta+0.5\Delta$	1101	1101
12	$4\Delta+0.5\Delta$	1100	1100
11	$3\Delta+0.5\Delta$	1011	1011
10	$2\Delta+0.5\Delta$	1010	1010
9	$1\Delta+0.5\Delta$	1001	1001
8	$0\Delta+0.5\Delta$	1000	1000
7	$-0\Delta-0.5\Delta$	0111	0000
6	$-1\Delta-0.5\Delta$	0110	0001
5	$-2\Delta-0.5\Delta$	0101	0010
4	$-3\Delta-0.5\Delta$	0100	0011
3	$-4\Delta-0.5\Delta$	0011	0100
2	$-5\Delta-0.5\Delta$	0010	0101
1	$-6\Delta-0.5\Delta$	0001	0110
0	$-7\Delta-0.5\Delta$	0000	0111

与自然二进制码相比,折叠二进制码在表示双极性信号时,在用最高位表示极性后,可以用单极性编码的方式处理,使编码电路和编码过程大大简化。另外,折叠二进制码还能减小误码对小信号的影响。

无论是自然码还是折叠码,码组中符号的位数都直接和量化值数目有关,量化间隔越多,量化值越多,则码组中符号的位数也随之增多,且量化信噪比也越大。同时,位数增多后,信号的输出量和储存量增大,编码器也更复杂。在语音通信系统中,通常采用 8 位 PCM 编码即可保证满意的通信质量。

下面介绍 A 律 13 折线编码方法。

4.4.2　A 律 PCM 编码规则

根据 A 律 13 折线特性可知,正负极性一共分为 16 段,每段均匀分为 16 个量化级,一共得到 256 个量化级,其正极性部分量化间隔及起始电平如表 4.3 所示,因此一般采用 8 位折叠二进制码,刚好对应 $M=2^8=256$ 个量化级。

表 4.3　A 律 13 折线正极性部分量化间隔及起始电平

段落	1	2	3	4	5	6	7	8
量化间隔(Δ)	Δ	Δ	2Δ	4Δ	8Δ	16Δ	32Δ	64Δ
起始电平(Δ)	0	16Δ	32Δ	64Δ	128Δ	256Δ	512Δ	1024Δ

考虑到正负极性各有 8 个段落,每个段落分为 16 个量化级,因此可将这 8 位折叠二进制码分为极性码、段落码和段内码,如下所示:

$$\text{极性码}\quad \text{段落码}\quad \text{段内码}$$
$$C_0\qquad C_1 C_2 C_3\qquad C_4 C_5 C_6 C_7$$

其中,第一位码是极性码,记为 C_0。当 $m_q \geq 0$ 时,$C_0=1$;当 $m_q < 0$ 时,$C_0=0$。

第二、三、四位码是段落码,记为 C_1、C_2、C_3。三位码组成的二进制数正好表示八个段落序号。

第五、六、七、八位码是段内电平码,记为 C_4、C_5、C_6、C_7。四位码组成的二进制数用来代表段内等分的 16 个量化级。

根据以上码位安排,可以得到段落码和段内码与所对应的段落及电平关系,如表 4.4 所示。

表 4.4　段落电平关系表

量化段序号	电平范围 (Δ)	段落码			段内码对应电平(Δ)			
		C_1	C_2	C_3	C_4	C_5	C_6	C_7
1	0~16	0	0	0	8	4	2	1
2	16~32	0	0	1	8	4	2	1
3	32~64	0	1	0	16	8	4	2
4	64~128	0	1	1	32	16	8	4
5	128~256	1	0	0	64	32	16	8
6	256~512	1	0	1	128	64	32	16
7	512~1024	1	1	0	256	128	64	32
8	1024~2048	1	1	1	512	256	128	64

具体编码过程可分为三个基本步骤:第一步,判别抽样值 x 的极性,编出 C_0;第二步,取 m_q 的绝对值 $|m_q|$,得到段落码 $C_1C_2C_3$;第三步,计算段内相对电平,得到段内码 $C_4C_5C_6C_7$。

根据抽样值的绝对值 $|m_q|$,由表 4.4 可以直接查到段落码 $C_1C_2C_3$。计算段内相对电平比较麻烦一些,设段落码对应的段落范围的起点值为 x,首先计算 $|m_q|-x$,再根据表 4.4 中段内码对应电平值,组合相加,得到最接近于 $|m_q|-x$ 的电平,就可以判断出段内码 $C_4C_5C_6C_7$。例如,对抽样值 680Δ 进行编码,可以查到位于第 7 段,因此其段落码为 110,第 7 段起始电平为 512Δ,而 $680\Delta-512\Delta=168\Delta=128\Delta+32\Delta+8\Delta$,因此可以确定其段落码为 0101。

在保证小信号区间量化间隔相同的条件下,采用 13 折线编码的 7 位非线性码(除极性码)与均匀量化的 11 位线性编码等效。例如,7 位非线性码 110 1001 等效于 11 位线性编码的 011 0010 0000,均为 800Δ。由于非线性编码的码位数减少,因此设备简化,所需传输系统带宽较小。

【例 4.4】 已知一个语音样值的 PCM 码 10010001,则该样值为多少?

解 根据 A 律 PCM 编码规则,极性码为 1,代表正极性信号;

段落码 001 代表位于第 2 段,起点电平为 16Δ;

段内码 0001,对应电平为 $0+0+0+1\Delta=1\Delta$;

因此,该样值为 17Δ。

【例 4.5】 设输入信号抽样值为 $+1235\Delta$,写出其 8 位 PCM 码,并计算量化电平和量化误差。

解 根据 A 律 PCM 编码规则,可得到:

极性码:1;

段落码:$1235\Delta>1024\Delta$,故位于第 8 段,段落码:111;

段内码:因为 $1235\Delta-1024\Delta=211\Delta=128\Delta+64\Delta+19\Delta$,故段内码为 0011;

量化电平:取第 8 段段内码量化级中点,故量化电平为 $1024\Delta+128\Delta+64\Delta+64\Delta/2=1248\Delta$;

量化误差:$|1235\Delta-1248\Delta|=13\Delta$。

【例 4.6】 设输入信号采样值为 $+1255\Delta$,按照 A 律 13 折线,编成 8 位折叠二进制码,请写出这 8 位 PCM 码,并计算编码电平。计算出 7 位非线性幅度码(不含极性码)对应的 11 位线性码字。

解 根据 A 律 PCM 编码规则,可得到:

极性码:1;

段落码:$1255\Delta>1024\Delta$,故位于第 8 段,段落码:111;

段内码:因为 $1255\Delta=1024\Delta+3\times64\Delta+3\Delta$,故段内码为 0011;

编码电平:取第 8 段的段内码的段内起始电平,故编码电平为 $1024\Delta+3\times64\Delta=1216\Delta$,对应的 11 位线性码字为 $(1216)_{10}=(10011000000)_2$。

所以 7 位非线性幅度码(不含极性码)对应的 11 位线性码字为 10011000000。

4.5 脉冲编码调制系统

PCM 编码最早应用于模拟电话信号的数字化,也是目前世界上各国电话网广泛采用的一种方法。以语言信号为例，一般取抽样频率 $f_s=8000$ Hz，由于原始语音信号的频带范围为 $40\sim10000$ Hz，为了避免产生折叠噪声，在抽样之前，需要通过一个保护性的低通滤波器，将输入信号的频带限制在 $f_s/2$ 以内再进行抽样。如电话通信中，考虑到语音信号的通信质量，将原始语音信号的频带限值在 $300\sim3400$ Hz 标准的长途模拟电话的频带内，然后采用 A 律 PCM 编码。国际标准化的 PCM 码字是用 8 位二进制折叠码来代表一个抽样值。图 4.18 为 PCM 编码调制系统原理图。

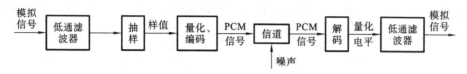

图 4.18　PCM 系统原理图

4.5.1　PCM 信号的码元速率和带宽

设模拟信号 $m(t)$ 的最高频率为 f_H，抽样速率 $f_s=2f_H$，量化级数为 M，每个样值脉冲的二进制编码位数为 $n(M=2^n)$，则一个抽样周期 T_s 内要编 n 位码，每位二进制码元的宽度为

$$T_b=T_s/n=\frac{1}{f_s n} \tag{4.22}$$

PCM 信号的码元速率为

$$R_b=\frac{1}{T_b}=f_s\cdot n=2f_H\cdot n=\log_2 M\cdot f_s \tag{4.23}$$

当采用矩形脉冲传输时，所需的带宽与脉冲宽度 t 成反比，第一零点带宽为

$$B=\frac{1}{\tau} \tag{4.24}$$

定义二进制码元的占空比为二进制脉冲宽度 t 与二进制码元宽度 T_b 的比值，即

$$占空比=\frac{\tau}{T_b} \tag{4.25}$$

因此，已知二进制码元宽度 T_b 和占空比就能得到 PCM 信号的第一零点带宽。可见，编码位数越多，码元宽度 T_b 越小，占用带宽 B 越大，信道利用率下降。显然，传输 PCM 信号所需要的带宽要比模拟基带信号 $m(t)$ 的带宽大得多。

【**例 4.7**】　若单路语音信号的最高频率为 4500 Hz，抽样频率为奈奎斯特频率，以 PCM 方式传输。抽样后按照 256 级量化，假设传输信号的波形为矩形脉冲，占空比为 1，计算 PCM 基带信号的第一零点带宽。

解　抽样频率为奈奎斯特频率，即

$f_s=2f_H=9000$ Hz，量化级数 $M=256$，因此

$R_b=\log_2 M\cdot f_s=8\times9000$ Baud $=72000$ Baud，占空比为 1。

$\tau=T_b=1/R_b$，则 PCM 基带信号第一零点带宽为

$$B=1/\tau=R_b=72000\text{ Hz}。$$

4.5.2　PCM 系统的抗噪声性能分析

影响 PCM 通信系统的噪声有两种：量化噪声和传输中引入的加性噪声。两种噪声产生

原理不同,可以认为是彼此独立的。将量化噪声和加性噪声分别用 $n_q(t)$ 与 $n_e(t)$ 表示,功率分别为 N_q 与 N_e。由于量化噪声和加性噪声彼此独立,相应的总噪声功率 N_0 满足:

$$N_0 = N_q + N_e \tag{4.26}$$

PCM 系统的抗噪声性能可用输出端总的信噪比来衡量,系统总的信噪比为

$$\left(\frac{S_0}{N_0}\right)_{PCM} = \frac{S_0}{N_q + N_e} \tag{4.27}$$

假设输入信号 $m(t)$ 在区间 $[-V, V]$ 具有均匀分布的概率密度,并对 $m(t)$ 进行均匀量化,量化级数为 M,接收端使用理想低通滤波器恢复原始信号,其传输函数 $H(f)$ 为

$$H(f) = \begin{cases} 1, & f \leqslant f_H \\ 0, & f > f_H \end{cases} \tag{4.28}$$

若仅考虑量化噪声,根据前面章节的分析,可知 PCM 系统输出端平均信号量化噪声功率比为

$$\left(\frac{S_0}{N_0}\right) = M^2 = 2^{2n} \tag{4.29}$$

信道加性噪声对 PCM 系统性能的影响表现在接收端的判决误码上,例如,将二进制的"1"误判为"0",或将"0"误判为"1"。出现误码后,被恢复的量化值将与发送端原抽样值不同,而发生误差,从而产生误码噪声。假设 PCM 系统使用 n 位二进制码,以自然二进制码为例,若最低位的 1 码代表 Δ,第 i 位的 1 码代表 $2^{i-1}\Delta(i=1,2,\cdots,n)$。因此,第 i 位码发生误码,则误差为 $\pm(2^{i-1}\Delta)$,产生的噪声功率为 $(2^{i-1}\Delta)^2$。

假定信道加性噪声为高斯白噪声,且实际 PCM 系统中每个码字中出现多于一位误码的概率很低,因此仅考虑在码组中有一位错码的情况,并认为每一组码组中的错码彼此独立,且每位码误比特率为 P_e,则由误码产生的平均功率为

$$N_e = P_e \sum_{i=1}^{n} (2^{i-1}\Delta)^2 = \Delta^2 P_e \frac{2^{2n}-1}{3} \approx \Delta^2 P_e \frac{2^{2n}}{3} \tag{4.30}$$

同时考虑量化噪声和信道加性噪声时,由式(4.16)、式(4.29)和式(4.30)可得 PCM 系统输出端总信噪比为

$$\left(\frac{S_0}{N_0}\right) = \frac{S_0}{N_q + N_e} = \frac{S_0/N_q}{1 + 4P_e 2^{2n}} \tag{4.31}$$

其中,(S_0/N_q) 表示输出端平均量化信噪比。在小信噪比的条件下,即 $4P_e 2^{2n} \gg 1$ 时,误码噪声起主要作用,忽略量化信噪比,则式(4.31)变为

$$\left(\frac{S_0}{N_0}\right) \approx \frac{S_0}{N_e} = \frac{1}{4P_e} \tag{4.32}$$

此时总信噪比与误码率成反比。

在大信噪比条件下,即 $4P_e 2^{2n} \ll 1$ 时,量化噪声起主要作用,忽略误码信噪比,则式(4.31)变为

$$\left(\frac{S_0}{N_0}\right) \approx \frac{S_0}{N_q} = 2^{2n} \tag{4.33}$$

一般而言,基带传输的 PCM 系统误码率很容易降到 10^{-6} 以下,因此可以采用 PCM 系统误码率来估计 PCM 系统的性能。

4.6 语音压缩编码

对于单路语音信号,抽样频率通常取为 8000 Hz,二进制编码位数 $n=8$,所以一路语音信号的信息速率为 64 Kb/s,每路信号占用频带比单边带调制系统带宽(4 kHz)大很多。对于费用昂贵的长途大容量传输系统以及带宽有限的移动通信网而言,64 kHz 频带的数字电话难以获得应用。因此,降低数字电话信号的比特率、压缩传输频带是语音编码技术追求的一个目标。通常,把话路速率低于 64 Kb/s 的编码方法称为话音压缩编码技术。常见的话音压缩编码方法主要有差值脉冲编码(Differential PCM,DPCM)、自适应差值脉冲编码(Adaptive DPCM,ADPCM)、增量调制(DM)、自适应增量调制(ADM)等。

4.6.1 差分脉冲编码调制

PCM 是对波形的每个样本点都独立进行量化编码,导致样值的整个幅值编码需要较多位数,比特率较高,从而造成数字化的信号带宽大大增加。但是语音信号中相邻的抽样值之间往往存在很强的相关性,信号的一个抽样值不会迅速变化为另一个抽样值,说明信源本身含有大量的冗余成分。

DPCM 是一种预测编码的方法。预测编码方法不是对每个样本点独立地编码,而是对当前抽样值与预测值的差值(称为预测误差)进行编码并传输。由于抽样值与预测值之间有较强的相关性,即抽样值和其预测值非常接近,使预测误差的可能取值比抽样值的变化范围小。因此,所需编码位数减少,从而降低了编码比特率,压缩了信号带宽。

DPCM 系统原理图如图 4.19 所示。其中 m_n 表示模拟信号样值,$\widetilde{m}_n$ 表示根据前面的 n 个样值预测到的当前样值,e_n 表示当前信号样值和预测样值之间的差值,最后对差值进行量化编码。

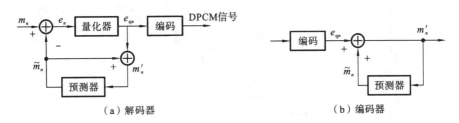

（a）解码器　　　　　　　　　（b）编码器

图 4.19 DPCM 系统原理图

量化器输入预测误差为

$$e_n = m_n - \widetilde{m}_n \tag{4.34}$$

量化器输出为量化后的预测误差 e_{qn},该误差与预测值 $\widetilde{m}_n$ 相加得到预测期的输入样值 m'_n。接收端预测期的样值和加法器组成结构与发送端的一致,如果信道传输无误码,则两个相加器输入端信号完全相同。因此,DPCM 系统的量化误差 n_q 可以定义为输入信号样值 m_n 与输出信号样值 m'_n 之差,即

$$n_q = m_n - m'_n = (e_n + \widetilde{m}_n) - (e_{qn} - \widetilde{m}_n) = e_n - e_{qn} \tag{4.35}$$

可见,DPCM 系统的量化误差 n_q 等于量化器的量化误差。而量化误差 n_q 与信号样值 m_n 都是随机变量,因此 DPCM 系统量化信噪比可表示为

$$\left(\frac{S_0}{N_q}\right)_{\text{DPCM}} = \frac{E(m_n^2)}{E(n_q^2)} = \frac{E(m_n^2) E(e_n^2)}{E(e_n^2) E(n_q^2)} = G_p \left(\frac{S_0}{N_q}\right)_q \tag{4.36}$$

式中:$\left(\dfrac{S_0}{N_q}\right)_q$ 是把差值序列作为输入信号时量化器的量化信噪比;G_p 可理解为 DPCM 系统相对于 PCM 系统而言的信噪比增益,称为预测增益。

如果能够选择合理的预测规律,差值功率 $E(e_n^2)$ 就能远小于信号功率 $E(m_n^2)$,G_p 就会大于 1,该系统就能获得增益。当 $G_p \gg 1$ 时,DPCM 系统的量化信噪比远大于量化器的量化信噪比。因此,要求 DPCM 系统达到与 PCM 系统相同的信噪比,则可降低对量化器信噪比的要求,即可减小量化级数,从而减少码位数,降低比特率,进而压缩信号带宽。

为了改善 DPCM 体制的性能,将自适应技术引入量化和预测过程,便可得到 ADPCM 调制。自适应量化是指量化台阶随信号的变化而变化,使量化误差减小;自适应预测是指预测器系数可以随信号的统计特性而自适应调整,提高了预测信号的精度,从而得到高预测增益。通过这两点改进,可大大提高信噪比和编码动态范围。

ADPCM 可在 32 Kb/s 上达到 64 Kb/s 的 PCM 数字电话质量。近年来,它已成为长途传输中一种国际通用的语音编码方法。

4.6.2 增量调制

增量调制 DM 是 DPCM 的一个特例。它将信号当前样值和前一个样值量化电平之差进行量化,而且只对这个差值的符号进行编码。如果差值为正,则编码为"1",如果差值为负,则编码为"0",如图 4.20 所示。因此,DM 可看成是量化电平数为 2(即对预测误差进行 1 位编码)的 DPCM,换言之 DM 序列中的每个比特表示相邻抽样值的差值极性。它的预测器只是一个简单的延时器,而量化器只有 1 比特。

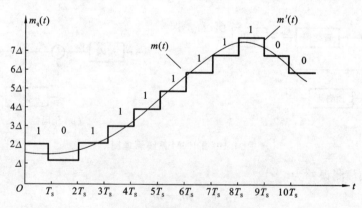

图 4.20 增量编码波形示意图

在接收端,每收到一个"1"码,译码器的输出相对于前一个时刻的值上升一个量阶 Δ,每收到一个"0"码就下降一个量阶 Δ,如图 4.21 所示。当收到连"1"时,表示信号连续增长;当收到连"0"时,表示信号连续下降。这种功能的解码器可以用一个简单的 RC 积分电路来完成。译码器的输出再经过低通滤波器滤去高频量化噪声,从而恢复原信号。只要抽样频率足够高,量

化阶距大小适当,接收端恢复的信号就与原信号非常接近,量化噪声可以很小。

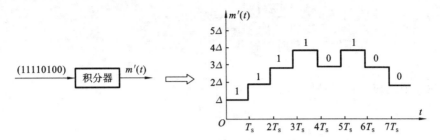

图 4.21　增量编码解码原理

然而,当输入信号 $m(t)$ 斜率陡变时,阶梯波 $m'(t)$ 会跟不上 $m(t)$ 的变化,此时 $m(t)$ 与 $m'(t)$ 之间的误差 $e(t)$ 会明显增大,引起解码后信号的严重失真,这种现象称为过载现象,产生的误差称为过载量化误差,如图 4.22 所示,在实际工作中,应避免过载现象。

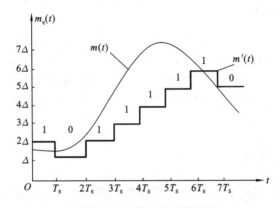

图 4.22　增量编码过载现象

设抽样周期为 T_s,抽样频率为 $f_s=1/T_s$,量化台阶为 Δ,则一个阶梯台阶的斜率 k 为

$$k=\Delta/T_s=\Delta \cdot f_s \tag{4.37}$$

它也是阶梯波的最大可能斜率,或称为译码器的最大跟踪斜率。因此,不发生过载的条件为

$$\left|\frac{\mathrm{d}m(t)}{\mathrm{d}t}\right|\leqslant\frac{\Delta}{T_s}=\Delta \cdot f_s \tag{4.38}$$

一般可以采用增大 f_s 的办法增大乘积 $\Delta \cdot f_s$,这样能够保证一般量化噪声和过载量化噪声两者都不超过要求,因此实际中增量调制采用的抽样频率 f_s 值比 PCM 和 DPCM 的抽样频率值都大很多。对于话音信号而言,增量调制采用的抽样频率一般在几十千赫兹到百余千赫兹。

【例 4.8】　若输入模拟信号 $m(t)=A\cos(2pf_0t)$,取样速率为 f_s,量化台阶为 Δ。求不发生过载时允许的最大信号幅度。

解　根据式(4.37)可知量化信号的最大斜率为

$$k=\Delta \cdot f_s$$

信号 $m(t)$ 瞬时斜率的绝对值为

$$\left|\frac{\mathrm{d}m(t)}{\mathrm{d}t}\right|=\left|A \cdot 2\pi \cdot f_0\sin(2\pi f_0t)\right|$$

其最大值为

$$\left|\frac{\mathrm{d}m(t)}{\mathrm{d}t}\right|_{\max}=A\cdot2\pi\cdot f_0$$

根据式(4.38)可知不发生过载时应满足：

$$A\cdot2\pi\cdot f_0\leqslant\Delta\cdot f_\mathrm{s}$$

为确保不发生过载,信号幅度为

$$A=\frac{\Delta\cdot f_\mathrm{s}}{2\pi\cdot f_0}$$

因此,不发生过载时信号所允许最大幅度为

$$A_{\max}=\frac{\Delta\cdot f_\mathrm{s}}{2\pi\cdot f_0}$$

4.7 时分复用

时分复用(time division multiplexing,TDM)是使多个信源的数据分别占用不同的时隙位置,共用一条信道进行串行数字传输的技术。具体来说,就是把时间分成均匀的时间间隔,将各路信号的传输时间分配在不同的时间间隔内,以达到互相分开的目的,其中每路所占有的时间间隔称为路时隙。

4.7.1 时分复用原理

以3路信号的时分复用传输为例,其原理框图如图4.23所示,输入信号$m_1(t)$、$m_2(t)$及$m_3(t)$通过截止频率为f_H的低通滤波器,送入发送旋转开关S_T,在接收端3路模拟信号被接收旋转开关S_R抽样。

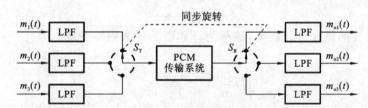

图 4.23 3路信号时分复用系统

设开关每秒旋转f_s次,每旋转1次,对3路模拟信号扫描抽样1遍,这一组连续3个脉冲称为一帧,$T_\mathrm{s}=1/f_\mathrm{s}$为一帧的长度,$t=T_\mathrm{s}/3$为一个时隙的长度。信号取样及合路后样值序列如图4.24所示。只要发送旋转开关S_T和接收旋转开关S_R保持同步,接收端就能够将混合样值序列中的样值加以区分,并把各路的样值送到各自的输出端,再通过低通滤波器还原为发送的原始语音信号。

在进行TDM传输时,需要注意以下几点：

(1) 各路信号的数据轮流占用不同时隙,在传输中互不影响。

(2) 上述时分复用原理中的机械开关,在实际电路中是用抽样脉冲取代。因此,各路抽样脉冲的频率必须严格同步,而且相位也需要有确定的关系,使各路抽样脉冲保持等间隔的

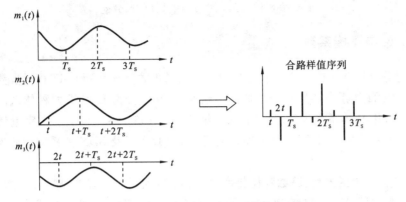

图 4.24　时分复用合路后样值序列

距离。

（3）在时间 T_s 内，各路信号顺序出现一次，这样形成的时分复用信号具有一个确定的结构，称为帧结构，简称帧（Frame）。帧是 TDM 信号的最小组成单元。

（4）收发双方必须同步工作。这种同步称为帧同步（Frame synchronization），其目的是要正确地定位各帧的起始位置，以便正确地放置与取出各路信号的数据。帧同步通常借助在帧结构中插入供识别的特定码组来实现，这种特定的标准性码组称为帧同步码（Synchronization word）。

【例 4.9】　对 10 路最高频率为 3400 Hz 的语音信号进行 TDM-PCM 传输，采样频率为 8000 Hz，取样后进行 256 级量化，并编为折叠二进制码，则该时分复用 PCM 信号的二进制码元速率是多少？ 如果码元波形是占空比为 0.5 的矩形脉冲，则 TDM-PCM 基带信号的第一零点带宽是多少？

解　先计算一路语音信号经 PCM 数字化后的二进制码元速率。根据式（4.23）可得：

$$R_{1b} = \log_2 M \cdot f_s = \log_2 256 \cdot 8000 \text{ Kb/s} = 64 \text{ Kb/s}$$

因此，10 路信号时分复用后码元速率为

$$R_{10b} = 10R_{1b} = 640 \text{ Kb/s}$$

二进制码元宽度为

$$T_b = 1/R_{10b}$$

根据式（4.24）可知，PCM 基带信号第一零点带宽与脉冲宽度 t 成反比，即

$$B = \frac{1}{\tau} = \frac{1}{0.5T_b} = 2R_{10b} = 1280 \text{ kHz}$$

【例 4.10】　对 20 路带宽均为 300～3400 Hz 的语音信号进行 PCM 时分复用传输。每路语音信号的采样频率都为 $f_s = 8$ kHz，并将采样值进行 13 折线量化编码。求进行时分复用后信号的信息速率为多少？ 占空比为 1，二进制码元的速率为多少？

解　根据采样频率为 $f_s = 8$ kHz，可知：

$$T_s = 1/f_s = 125 \ \mu s$$

由于是 20 路带宽均为 300～3400 Hz 的语音信号进行 PCM 时分复用传输，所以一个抽样时间间隔周期内，需要传输 20 路信号，每个信号对应 8 个码元。

在 T_s 内，传输的比特数为 20×8 b，所以时分复用的信号信息速率为

$$R_b = 8 \text{ K} \times 8 \times 20 \text{ b/s} = 1280 \text{ Kb/s}$$

4.7.2 数字复接系列

ITU 为时分复用数字电话通信制定了 PDH(准同步数字体系)和 SDH(同步数字体系)两套标准建议。PDH 体系主要适用于较低的传输速率,它又分为 E 和 T 两种体系。我国、欧洲及国际间连接采用 E 体系作为标准。SDH 系统适用于 155 Mb/s 以上的数字电话通信系统,特别是光纤通信系统中。SDH 系统的输入端可以和 PDH 以及 SDN 体系的信号连接,构成速率更高的系统。

E 体系的结构(包括层次、路数和比特率)如图 4.25 所示。它以 30 路 PCM 数字电话信号的复用设备为基本层(E-1),每路 PCM 信号的比特率为 64 Kb/s。由于需要加入群同步码元和信令码元等额外开销(overhead),所以实际占用 32 路 PCM 信号的比特率。故其总比特率为 2.048 Mb/s,此输出称为一次群信号(也称 PCM30/32 路基群)。4 个一次群信号进行二次复用,得到二次群信号,比特率为 8.448 Mb/s。按照同样的方法再次复用,得到比特率为 34.368 Mb/s 的三次群信号和比特率为 139.264 Mb/s 的四次群信号等。由此可见,相邻层次之间路数成 4 倍关系,但是比特率之间不是严格的 4 倍关系。

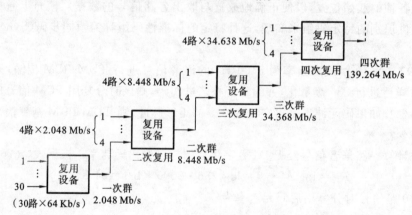

图 4.25 E 体系结构图

ITU 建议的 PCM 基群有两种标准,即 E 体系的 PCM30/32 路基群和 T 体系的 PCM24 路基群。

1. PCM30/32 路基群

PCM30/32 路基群是 E 体系的基础,1 帧共有 32 时隙(TS),如图 4.26 所示。

(1) 帧同步时隙 TS_0。

用于传输帧同步码,可以令接收端正确识别每帧的开始,以实现帧同步时隙,可分为偶帧和奇帧。

偶帧发送帧同步码,其 8 位码中的第 1 位留给国际使用,暂定为"1",后 7 位为帧同步码"0011011"。

奇帧发送帧失步告警码,其 8 位码中的第 1 位保留给国际使用,暂定为"1",第 2 位固定为"1",以便在接收端区分是偶帧还是奇帧。第 3 位码 A 为帧失步告警码,在帧同步时为"0",失步时为"1"。剩余 5 位码可供传送其他信息(如业务联络等),未使用时,固定为"1"。

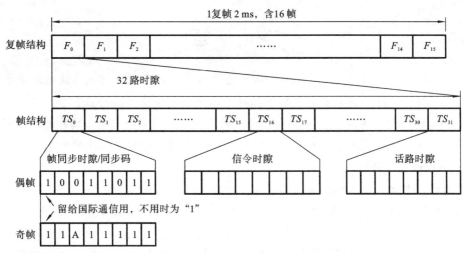

图 4.26　PCM30/32 路帧和复帧结构

（2）信令时隙 TS_{16}。

用来传送各话路的标志码（如拨号脉冲、被叫摘机、主叫挂机等）。

（3）30 个话路时隙：$TS_1 \sim TS_{15}$，$TS_{17} \sim TS_{31}$。

话路时隙的第 1 位码为极性码，第 2～4 位为段落码，第 5～8 位为段内码。$TS_1 \sim TS_{15}$ 分别传输第 1～15 路语音信号，$TS_{17} \sim TS_{31}$ 分别传输第 16～30 路话音信号。

语音信号带宽通常限制在 3.4 kHz 左右，抽样频率 $f_s = 8000$ Hz，所以帧长度 $T_s = 1/f_s = 125$ μs。将此 125 μs 时间分为 32 个时隙，每 1 时隙为 125/32＝3.9 μs。每 1 时隙均采用 8 位二进制编码，所以，传输码速率为

$$R_B = f_s \times N \times n = 8000 \times 32 \times 8 \text{ b/s} = 2.048 \text{ Mb/s} \tag{4.39}$$

2. PCM24 路基群

PCM24 路基群复用信号的基础层由 24 路 PCM 电话信号复用而成的，如图 4.27 所示。每路信号采样频率也为 8000 Hz，每帧长为 125 μs，由 193 位构成，连续 12 帧构成一个复帧。每帧中的前 192 位正好对应于 24 路 PCM 信号的各个编码字节（8 b），即 24×8＝192。而第 193 位用于同步码。每位比特的时间宽度为 125 μs /193≈0.647 μs，每路占用的时隙为 8×0.647 μs＝5.18 μs，信息传输速率 $R_B = 8000 \times (24 \times 8 + 1)$ b/s＝1.544 Mb/s。

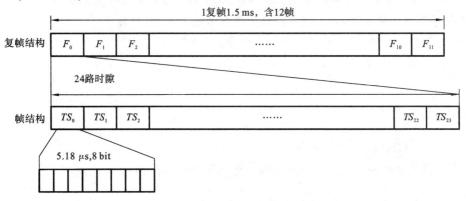

图 4.27　PCM24 路帧结构

习 题

1. 对模拟信号 $m(t) = \sin(200\pi t)/(200t)$ 进行抽样。试问:(1) 无失真恢复所要求的最小抽样频率为多少?(2) 在用最小抽样频率抽样时,1 min 有多少个抽样值?

2. 在自然抽样中,模拟信号 $m(t)$ 和周期性的矩形脉冲串 $c(t)$ 相乘。已知 $c(t)$ 的重复频率为 f_s,每个矩形脉冲的宽度为 t,$f_s t < 1$。假设时刻 $t = 0$ 对应于矩形脉冲的中心点。试问:

(1) $m(t)$ 经自然抽样后的频谱,说明 f_s 与 t 的影响;

(2) 自然抽样的无失真抽样条件与恢复 $m(t)$ 的方法。

3. 设信号 $m(t) = 9 + A\cos\omega t$,其中 $A \leqslant 10$ V。若 $m(t)$ 被均匀量化为 40 个电平,试确定所需的二进制码组的位数 N 和量化间隔 Δ。

4. 采用 A 律 13 折线编码,设最小量化间隔为 1 个单位 Δ,已知抽样脉冲值为 $+635\Delta$:

(1) 试求此时编码器输出码组,并计算量化误差;

(2) 写出对应于该 7 位码(不包括极性码)的均匀量化 11 位码(采用自然二进制码)。

5. 在 A 律 PCM 系统中,当归一化输入信号抽样值为 0.12、0.3 和 -0.7 时,编码器输出码组是多少?

6. 对 10 路带宽均为 $300 \sim 3400$ Hz 的模拟信号进行 PCM 时分复用传输。设抽样速率为 8000 Hz,抽样后进行 8 级量化,并编为自然二进制码,码元波形是宽度为 t 的矩形脉冲,且占空比为 1。试求传输此时分复用 PCM 信号所需的奈奎斯特基带带宽。

7. 一单路话音信号的最高频率为 4 kHz,抽样频率为 8 kHz,以 PCM 方式传输。设传输信号的波形为矩形脉冲,其宽度为 t,且占空比为 1。

(1) 若抽样后信号按 8 级量化,试求 PCM 机电信号频谱的第一零点频率;

(2) 若抽样后信号按 128 级量化,试求 PCM 二进制基带信号频谱的第一零点频率。

8. 已知话音信号的最高频率 $f_m = 3400$ Hz,今用 PCM 系统传输,要求信号量化噪声比 S_0/N_q 不低于 30 dB。试求此 PCM 系统所需的奈奎斯特基带频宽。

9. 采用 A 律 13 折线编解码电路,设接收端收到的码字为"10000111",最小量化单位为 1 个单位。试问解码器输出为多少单位? 对应的 11 位线性码字是多少?

10. 单路模拟信号的最高频率为 6000 Hz,采样频率为奈奎斯特采样频率。以 PCM 方式传输,采样后按照 8 级量化,输入信号的波形为矩形脉冲,占空比为 0.5。

(1) 计算 PCM 系统的码元速率和信息速率。

(2) 计算 PCM 基带信号的第一零点带宽。

答 案

1. (1) 400 Hz;(2) 24000 个。

2. (1) 自然抽样是 $m(t)$ 与 $c(t)$ 的乘积,所以其频谱可表示为

$$M_s(f) = M(f) \cdot C(f) = M(f) \cdot \frac{A\tau}{T_s} \sum_{n=-\infty}^{\infty} Sa(n\pi f_s \tau)\delta(f - nf_s)$$

$$= \frac{A\tau}{T_s} \sum_{n=-\infty}^{\infty} Sa(n\pi f_s \tau) M(f - nf_s)$$

周期重复的频谱分量间隔为抽样频率 f_s,抽样周期越大,分量间隔越密。各分量的大小与脉幅成正比,与脉宽成正比,与周期成反比。各谱线的幅度按 $Sa(f)$ 包络线变化。

(2) 自然抽样的无失真抽样条件只要满足抽样定理即可,带宽满足 $f_H < B < f_s - f_H$ 这个条件的低通滤波器即可恢复 $m(t)$。

3. $N = 6, \Delta = 0.5$ V。

4. (1) 输出码组为 11100011,量化误差为 27;(2) 对应的均匀量化 11 位码为 01001100000。

5. 编码器输出码组为 11001110、11100011、01110110。

6. 120 kHz。

7. (1) 24 kHz;(2) 56 kHz。

8. 由题意知,量化信噪比 $\frac{S_0}{N_q} = 2^{2N} \geqslant 10^3$,所以二进制码位数 $N \geqslant 5$,故 PCM 系统所需的最小带宽为 5×3400 Hz $= 17$ kHz。

9. 解码电平为 7.5,线性码字为 00000001111。

10. (1) 3600 B,3600 b/s;

(2) 7200 Hz。

5 数字信号的基带传输

数字通信系统的任务是传输数字信息,数字信息可能来自数据终端设备的原始数据信号,也可能来自模拟信号经数字化处理后的脉冲编码信号。本章将学习和研究数字基带传输系统。数字基带传输系统相对于第 1 章讨论的数字通信系统而言,是一种简化形式的数字通信系统,研究该系统的目的是希望读者从剖析数字基带传输系统入手,掌握数字通信系统分析和设计的基本方法和思路。具体方法包括:在有限带宽信道条件下的信号设计方法;介绍无码间串扰的传输特性;了解部分相应基带传输系统;介绍评价数字基带传输系统性能的眼图和均衡器的原理。学习本章需要具备概率论与随机过程的基本知识,以及信号与系统的基本知识。

5.1 引言

很多数据终端的原始数据信号,如计算机输出的二进制序列以及来自模拟信号经数字化处理后的 PCM 码组等都是数字信号。这些信号均含有丰富的低频分量,甚至直流分量,我们可以用不同的幅度脉冲表示码元的不同取值,这种脉冲信号称为数字基带信号。在某些具有低通特性的有线信道中,特别是传输距离不太远的情况下,数字基带信号可以直接传输,我们称为数字基带传输。而大多数实际信道,如各种无线信道和光信道,都是调制成载波传输的。所以数字基带信号必须经过载波调制,把频谱搬移到高频载波处才能在信道中传输,即形成数字调制信号后再进行传输,这种传输方式称为数字频带(调制成载波)传输。

目前,虽然在实际应用场合数字基带传输不如频带传输那样广泛,但对于基带传输系统的研究仍然是十分必要的。这不仅因为在利用对称电缆构成的近程数据通信系统广泛采用了这种传输方法,还因为数字基带传输中包含频带传输的许多基本问题。也就是说,基带传输系统的许多问题也是频带传输系统必须考虑的问题,也是因为任何一个采用线性调制的频带传输系统可等效为基带传输系统来研究。因此,本章首先介绍数字基带传输系统的基本结构,如图 5.1 所示。它主要由码型变换器、发送滤波器、信道、接收滤波器和抽样判决器及码元再生电路组成。为了保证系统可靠有序地工作,还应有同步系统。

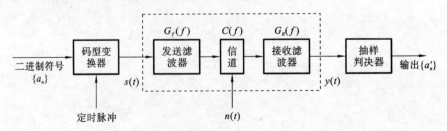

图 5.1 数字基带传输系统

数字基带传输系统中各部分的作用简述如下。

(1) 码型变换器。输入端为终端设备或编码产生的脉冲序列,它并不适合直接送到信道中传输,因为很多基带信号含有直流,而信道又不能传输直流(如信道有变压器或隔直电容)。其作用是把原始基带信号变换成适合于信道传输的各种码型,达到与信道相匹配。

(2) 发送滤波器。码型变换器输出的各种码型是以矩形为基础的,该码型中低频分量和高频分量都较大,占用频带也较宽,因此也不适用于信道的传输。发送滤波器的作用就是把它变换为较平滑的波形,如升余弦波形等,有利于压缩频带,便于传输。

(3) 信道。允许基带信号通过的媒质,如市话电缆、架空明线等有线信道。信道的传输特性往往不满足无失真传输条件,甚至是随机变化的。另外信道中还会进入噪声。在通信系统的分析中,常常用噪声 $n(t)$ 等效,集中在信道中引入。

(4) 接收滤波器。其主要作用是滤除带外噪声,对信道特性均衡,其输出的基带波形有利于抽样判决。

(5) 抽样判决器。它是在传输特性不理想及噪声背景下,在规定时刻(由位定时脉冲控制)对接收滤波器的输出波形进行抽样判决,恢复或再生基带信号。而用来抽样的位定时脉冲则依靠同步提取电路从接收信号中提取。

图 5.2 给出了图 5.1 所示数字基带传输系统的各点波形示意图。其中,图 5.2(a)是输入的基带信号 $\{a_n\}$,这是最常用的单极性非归零信号;图 5.2(b)是进行码型变换后的波形,变换

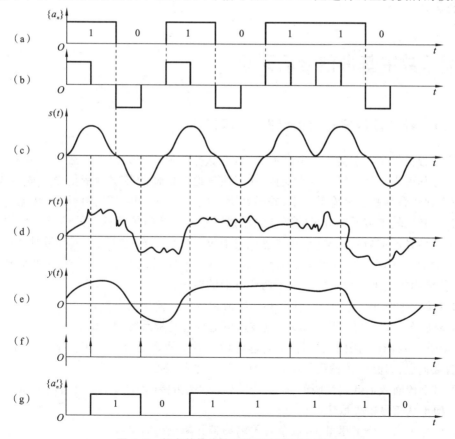

图 5.2 数字基带传输系统各点波形示意图

后的码型为双极型归零码;图5.2(c)是发送滤波器输出的波形$s(t)$,是一种适合在信道中传输的波形;图5.2(d)是信道输出信号$r(t)$,显然由于信道频率特性不理想,波形发生失真并叠加了噪声;图5.2(e)是接收滤波器输出波形$y(t)$,与图5.2(d)相比,失真和噪声减弱;图5.2(f)是位定时同步脉冲;图5.2(g)是恢复的信息$\{a'_n\}$。

从基带转输的过程中可以看出,传输根本目的就是在接收端以最小的错误概率恢复出发送序列$\{a_n\}$,也就是要研究误码率与系统中各个参数的关系,使误码率降到最小,即可靠性问题。另外我们研究的数字基带传输系统的带宽都是有限的,那么如何在有限带宽情况下尽可能提高码元速率是本章研究的另外一个问题,即有效性问题。以图5.1所示的模型来描述,设发送滤波器转输函数为$G_T(f)$,信道的传输特性为$C(f)$,接收滤波器的传输特性为$G_R(f)$,其总传输特性为

$$H(f)=G_T(f)C(f)G_R(f) \tag{5.1}$$

本章学习要点如下:

(1) 设计总传输特性$H(f)$,使发送端序列$\{a_n\}$与接收端恢复出的序列$\{a'_n\}$之间的误差尽可能小。

(2) 满足物理可实现和提高频带利用率的前提下,设计总传输特性$H(f)$。

(3) 研究总传输特性$H(f)$不及预期时的补偿方法。

结合学习要点,我们开始学习基带信号的码型及频谱特性,从而了解信号如何在基带传输系统中传输。

5.2　数字基带信号的码型

5.2.1　数字基带信号的码型设计原则

数字基带信号是数字信息的电脉冲表示,电脉冲的形式称为码型。通常把数字信息的电脉冲表示过程称为码型编码或码型变换,在有线信道中传输的数字基带信号又称为线路传输码型,在实际的数字基带传输系统中,并不是所有代码的电波形都能在信道中转输。例如,含有直流分量和比较丰富低频分量的基带波形就不适宜在低频传输性差的信道中传输,因为它有可能造成信号严重畸变。又如,当消息代码中包含长串的连续"1"和"0"符号时,波形会呈现出连续的固定电平,因而无法获取定时信息。单极性归零码在传输连"0"时,存在同样的问题。因此,对传输用的基带信号主要有以下两个方面的要求:

(1) 对码型的要求,初始消息代码必须编成适合于传输用的码型;

(2) 对所选码型的电波形的要求,电波形应适合于基带系统的传输。

不同的码型具有不同的频域特性,合理地设计码型使之适合于给定信道的传输特性是基带传输首要问题。通常,传输码的结构应具有以下主要特性:

(1) 对于传输频带低端受限的信道,线路传输码型的频谱中应不含有直流分量;

(2) 便于从信号中提取定时信息;

(3) 信号中高频分量尽量少,以节省传输频带并减少码间串扰;

(4) 不受信息源统计特性的影响,即能适应于信息源的变化;

（5）具有内在的检错能力，传输码型应具有一定的规律性，以便利用这一规律性进行宏观监测；

（6）编译码设备要尽可能简单。

数字基带信号的码型种类很多，并不是所有的码型都能满足上述要求，往往要根据实际需要进行选择。5.2.2小节将介绍一些目前应用广泛的重要码型。

5.2.2 数字基带信号常见码型

最简单的二元码基带信号的波形为矩形波，幅度取值只有两种电平，分别对应于二进制码1和0。图5.3所示的为几种数字基带信号的码型。接下来我们对这些码型进行一一介绍。

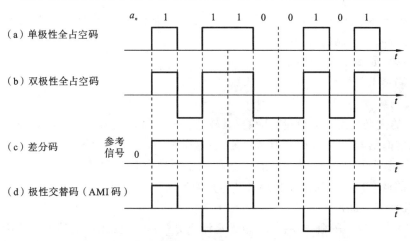

图 5.3 数字基带信号码型

1. 单极性全占空码

单极性全占空码又称为单极性不归零码（NRZ），这是一种最简单的码型。用一种信号电平代表"1"码，用另一种信号电平代表"0"码，在码元持续期间电平保持不变。如用高电平代表"1"，低电平（一般为零电平）代表"0"，为正逻辑；反之为负逻辑。很多终端设备输出的均是这种码，因为一般终端设备都有一端是固定的0电平，因此输出单极性码最方便，如图5.3(a)所示。

单极性NRZ波形的主要特点：

（1）有直流分量，无法使用一些交流耦合的线路和设备；

（2）不能直接提取位同步信息；

（3）判决电平不能稳定在最佳的电平，即抗噪性能差；

（4）传输时需一端接地，不能用两根芯线均不接地的电缆传输线。

2. 双极性全占空码

双极性全占空码又称为双极性不归零码（BNRZ），是双极性码，用正电平和负电平分别表示二进制数字码元"1"和"0"，在码元持续期间电平保持不变，如图5.3(b)所示。其特点为：

（1）直流分量小，当二进制符号"1""0"等可能出现时，无直流成分；

（2）接收端判决门限为0，容易设置并且稳定，因此抗干扰能力强；

（3）可以在电缆等无接地线上传输。

3．差分码

在差分码中，不用码元本身的电平表示消息代码，而是用相邻码元的电平的跳变和不变来表示消息代码，"1""0"分别用电平跳变或不变来表示，如图 5.3(c)所示。图中若用电平跳变来表示"1"，则称为传号差分码，记作 NRZ(M)；若用电平跳变来表示"0"，则称为空号差分码，记作 NRZ(S)。由于差分码是以相邻脉冲电平的相对变化来表示代码，因此称它为相对码，而相应地称前面的单极性或双极性码为绝对码。用差分码波形传送代码可以消除设备初始状态的影响，特别是在相位调制系统中用于解决载波相位模糊问题。

4．极性交替码(AMI 码)

AMI 码的全称是传号交替反转码，这是一种将消息代码 0(空号)和 1(传号)按照如下规则进行编码的码：二进制的"0"用三元码的"0"来表示，二进制的"1"则交替地变换为"+1"和"−1"的归零码，如图 5.3(d)所示。

消息代码：　　1　0　　1　　1　　0　0　　1　0　　1
AMI 代码：　−1　0　+1　−1　0　0　+1　0　−1

AMI 码的优点是无直流分量，低频分量较小。若将基带信号进行全波整流变为二元归零码可以提取定时信号。AMI 码具有检错能力，这是因为传号"1"的极性具有交替反转的规律，如果该规律遭到破坏，则说明存在误码。该码的主要缺点是信号的频谱形状与信息中传号率（即出现"1"的概率）有关，当出现长连"0"时，提取定时信号困难。

AMI 码的优点如下：

（1）在"1""0"码不等概率情况下，也无直流成分，对具有变压器或其他交流耦合的传输信道来说，不易受隔直流特性的影响；

（2）若接收端收到的码元极性与发送端的完全相反，也能正确判决；

（3）便于观察误码情况。

5．单极性归零码(RZ 码)

图 5.4(a)所示的代码是单极性归零码。这种码与单极性不归零码的区别在于，RZ 码发送 1 时高电平并不是在整个码元期间保持不变，而是只持续一段时间，然后在码元的其余时间内返回到零(低)电平。即它的脉冲宽度比码元宽度窄，每个脉冲都回到零电平。换句话来说，信号的脉冲宽度小于码元宽度。设码元宽度为 T_s，归零脉冲宽度为 t，则称 t/T_s 为占空比。单极性归零码的优点是可以直接提取同步信号，它是其他码型提取同步信号需采用的一个过渡码型。

6．双极性归零码(BRZ 码)

它是双极性码的归零形式，如图 5.4(b)所示。由图可见，每个码元内的脉冲都回到零电平，即相邻脉冲之间必定留有零电位的间隔。换句话来说，信号的脉冲宽度和单极性归零码一样，也是小于码元宽度。设码元宽度为 T_s，归零脉冲宽度为 t，则称 t/T_s 为占空比。它除了具有双极性不归零的特点外，还具有抗干扰能力较强以及码中不含直流成分的优点，应用比较广泛。虽然它的幅度取值存在三种电平，但是它用脉冲的正负极性表示两种信息，因此通常归入二元码。所谓二元码是利用信号幅度的两种值表示二进制码。三元码是利用信号幅度的三种值表示二进制码，三种幅度的取值为：+A,0,−A,或记作+1,0,−1,这种表示方式通常不是

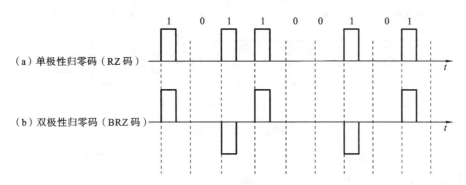

图 5.4　单极性归零码和双极性归零码

将二进制数变为三进制数。因此,这种码又称为"准三元码"或"伪三元码"。三元码的种类很多,被广泛地用作脉冲编码调制的线路传输码型。AMI 码、HDB3 码是两种最常用的三元码。

7. HDB3 码

为了保持 AMI 码的优点并克服其缺点,人们提出了许多种类的改进 AMI 码,HDB3 码就是其中有代表性的码。HDB3 码的全称为三阶高密度双极性码。它的编码规则是:当代码序列中连"0"的个数小于 4 时,与 AMI 码一样;当连"0"的个数大于或等于 4 时,则:

(1) 取代变换。将每 4 个连 0 码用 000V 或 B00V 代替。当 2 个相邻的 V 码中间有奇数个 1 码时用 000V;有偶数个 1 码时用 B00V。

(2) 加符号。对 1 码、破坏码 V 及平衡码 B 加符号。原则是:V 码的符号与前面第一个非 0 码符号相同,1 码、B 码的符号与前面第一个非 0 码的符号相反。例如,

消息代码:　1 0 0 0 0　1 0 0 0　0 1 1　0 0 0　0 1 1
AMI 代码:　−1 0 0 0　0 +1 0 0 0　0 −1 +1　0 0 0　0 −1 +1
HDB3 代码:−1 0 0 0 −V +1 0 0 0 +V −1 +1 −B 0 0 −V +1 −1

HDB3 码保持了 AMI 码的优点,克服了 AMI 码在长串"0"时不能反映码定时信息的缺点,使位同步信号容易提取。HDB3 码译码规则:

(1) 由相邻两个同极性码找出 V 码,同极性码中的后面那个码为破坏符号 V;

(2) 由 V 向前数第三个码,如果不是零码,则表明它是 B 码;

(3) 把 V 码和 B 码去掉以后留下来的全是信码。

HDB3 码的特点是明显的。它除了保持 AMI 码的优点外,还增加了使连"0"串减少到最多 3 个的优点,而不管信息源的统计特性如何。这对于位同步信号的恢复是十分有利的。A律 PCM 四次群以下的接口码型均为 HDB3 码。

5.2.3　多元码

上述各种信号都是二进制符号对应一个脉冲码元,实际上还存在多个二进制符号对应一个脉冲码元的情形,这种波形统称为多元码波形或多电平波形。例如,若令两个二进制符号 00 对应 −3A,01 对应 −1A,10 对应 +3A,11 对应 +1A,则所得波形为 4 电平波形,如图 5.5所示。由于这种波形的一个脉冲可以代表多个二进制符号,在码元速度一定时可以提高信息速率,故在高速数字传输系统中得到广泛应用。

多元码通常采用格雷码来表示,相邻幅度电平所对应的码组之间只相差 1 b,这样就可以

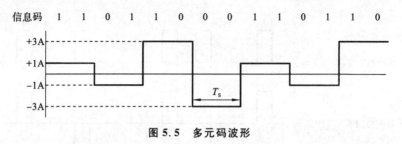

信息码　1 1 0 1 1 0 0 0 0 1 1 0 1 0 1 1 0

图 5.5　多元码波形

减小接收时因错误判定电平而引起的误比特率。多元码不仅用于基带传输,而且更广泛地用于多进制数字调制的传输中,以提高频带利用率。

5.3　数字基带信号的功率谱分析

5.2节介绍了典型的数字基带信号的时域波形。从信号传输的角度来看,还需要进一步了解数字基带信号的频域特性,以便在信道中有效地传输。所以研究基带信号的频谱结构是十分必要的,通过频谱分析,可以了解信号需要占据的频带宽度,所包含的频谱分量,有无直流分量,有无定时分量等。这样,才能针对信号谱的特点来选择相匹配的信道,以及确定是否可从信号中提取定时信号。矩形脉冲上升和下降是突变的,往往低频分量和高频分量都比较大,占用频带也比较宽,如果信道带宽有限,而采用以带宽较宽的矩形脉冲为基础的码信号,直接送入信道传输,容易产生失真。因此,需要选择合适波形来表示选择的码型。数字基带信号是随机的脉冲序列,没有确定的频谱函数,所以只能用功率谱来描述它的频谱特性。第2章介绍的由随机过程的相关函数去求随机过程的功率(或能量)谱密度就是一种典型的分析广义平稳随机过程的方法。但这种计算方法推导过程比较复杂,因此只给出推导结果并对结果进行分析。

设二进制的随机脉冲序列如图5.6所示,其中,假设 $g_1(t)$ 表示"0"码,$g_2(t)$ 表示"1"码。$g_1(t)$ 和 $g_2(t)$ 在实际中可以是任意的脉冲(既可以是基带波形,也可以是频带波形),这里把 $g_1(t)$ 画成宽度为 T_b 的方波,把 $g_2(t)$ 画成宽度为 T_b 的三角波。

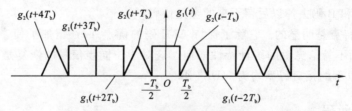

图 5.6　二进制的随机脉冲序列

现在假设序列中任一码元时间 T_b 内 $g_1(t)$ 和 $g_2(t)$ 出现的概率分别为 P 和 $1-P$,且认为它们的出现是统计独立的,$g_1(t)$ 的频谱为 $G_1(f)$,$g_2(t)$ 的频谱为 $G_2(f)$,则该随机序列 $s(t)$ 的功率谱密度为

$$P_b(f) = f_b P(1-P) \left| G_1(f) - G_2(f) \right|^2$$
$$+ \sum_{m=0}^{+\infty} \left| f_b[PG_1(mf_b) + (1-P)G_2(mf_b)] \right|^2 \delta(f-mf_b) \tag{5.2}$$

式中:第一项为连续谱;第二项为离散谱。

式(5.2)是双边的功率谱密度表示式。如果写成单边的,则有

$$P_b(f) = f_b P(1-P) |G_1(f) - G_2(f)|^2 + |f_b[PG_1(0) - (1-P)G_2(0)]|^2 \delta(f)$$

$$+ 2 \sum_{m=1}^{+\infty} |f_b[PG_1(mf_b) + (1-P)G_2(mf_b)]|^2 \delta(f - mf_b) \tag{5.3}$$

式(5.3)为单边功率谱密度表示式,频率大于零。由上面的两个公式可知,对于连续谱而言,由于代表数字信息的 $g_1(t)$ 及 $g_2(t)$ 一般不同,故 $G_1(f) \neq G_2(f)$,因而连续谱总是存在的;而离散谱是否存在,取决于 $g_1(t)$ 及 $g_2(t)$ 的波形及其出现的概率 P,下面举例说明。

【例 5.1】 求单极性不归零信号的功率谱密度,假定 $P = 1/2$。

解 对于单极性波形,若设 $g_1(t) = 0$,$g_2(t) = g(t)$,则随机脉冲序列的双边功率谱密度为

$$P_b(f) = f_b P(1-P) |G(f)|^2 + \sum_{m=-\infty}^{+\infty} |f_b[(1-P)G(mf_b)]|^2 \delta(f - mf_b)$$

已知 $P = 1/2$,上式可简化为

$$p_b(f) = \frac{1}{4} f_b |G(f)|^2 + \frac{1}{4} f_b^2 \sum_{m=-\infty}^{\infty} |G(mf_b)|^2 \delta(f - mf_b)$$

假设 1 码所对应的码字为不归零矩形脉冲,即

$$g(t) = \begin{cases} 1, & |t| \leqslant \dfrac{T_b}{2} \\ 0, & \text{其他} \end{cases}$$

其频谱函数为

$$G(f) = T_b \left(\frac{\sin \pi f T_b}{\pi f T_b} \right) = T_b Sa(\pi f T_b)$$

当 $f = mf_b$,m 为不等于零的整数时,$G(mf_b) = 0$。离散谱均为零,因而无定时信号。当 m 等于零时,$G(mf_b) \neq 0$,因此离散谱中有直流分量。此时单极性不归零信号的双边功率谱密度为

$$P_b(f) = \frac{1}{4} T_b Sa^2(\pi f T_b) + \frac{1}{4} \delta(f) \tag{5.4}$$

由以上分析可知,单极性不归零信号的功率谱只有连续谱和直流分量,不含有可以用于提取同步信息的 f_b 分量。连续分量可以方便地求出单极性不归零信号的功率谱的近似带宽(Sa 函数的第一零点带宽)为 $B = \dfrac{1}{T_b} = f_b$;而且同样可以推导出 $P \neq 1/2$ 时,上述结论同样成立。

【例 5.2】 求双极性不归零信号的功率谱密度,假定 $P = 1/2$。

解 对于双极性波形,若设 $g_1(t) = -g(t)$,$g_2(t) = g(t)$,则随机脉冲序列的双边功率谱密度为

$$P_b(f) = f_b P(1-P) |2G(f)|^2 + \sum_{m=-\infty}^{+\infty} |f_b[PG(mf_b) - (1-P)G(mf_b)]|^2 \delta(f - mf_b)$$

已知 $P = 1/2$,上式可简化为

$$P_b(f) = f_b |G(f)|^2$$

假设所对应的码字为双极性不归零矩形脉冲,即

$$g(t) = \begin{cases} 1, & |t| \leqslant \dfrac{T_b}{2} \\ 0, & \text{其他} \end{cases}$$

其频谱函数为

$$G(f) = T_b \left(\frac{\sin\pi f T_b}{\pi f T_b} \right) = T_b Sa(\pi f T_b)$$

此时离散谱均为零,因而无定时信号。当 m 等于零时,$G(mf_b) \neq 0$,因此离散谱中有直流分量。此时单极性不归零信号的双边功率谱密度为

$$P_b(f) = T_b Sa^2(\pi f T_b) \tag{5.5}$$

经分析可知,双极性不归零信号既无直流,又无位同步分量。

【例 5.3】 求单极性归零信号的功率谱密度,假定 $P=1/2$。设码元宽度为 T_b,归零脉冲宽度为 τ。

解 对于单极性波形,若设 $g_1(t)=0$,$g_2(t)=g(t)$,则随机脉冲序列的双边功率谱密度为

$$P_b(f) = f_b P(1-P) |G(f)|^2 + \sum_{m=-\infty}^{+\infty} |f_b[(1-P)G(mf_b)]|^2 \delta(f-mf_b)$$

已知 $P=1/2$,上式可简化为

$$p_b(f) = \frac{1}{4} f_b |G(f)|^2 + \frac{1}{4} f_2^b \sum_{m=-\infty}^{+\infty} |G(mf_b)|^2 \delta(f-mf_b)$$

假设 1 码所对应的码字为归零矩形脉冲,即

$$g(t) = \begin{cases} 1, & |t| \leqslant \tau \\ 0, & \text{其他} \end{cases}$$

其频谱函数为

$$G(f) = \tau \left(\frac{\sin\pi f \tau}{\pi f \tau} \right) = \tau Sa(\pi f \tau)$$

代入可得:

$$P_b(f) = \frac{1}{4} f_b |\tau Sa(\pi f \tau)|^2 + \frac{1}{4} f_2^b \tau^2 \sum_{m=-\infty}^{+\infty} |Sa(\pi f \tau)|^2 \delta(f-mf_b)$$

当 $f=mf_b$,m 为不等于零的整数时,$G(mf_b) \neq 0$。离散谱均不为零,因而可以提取定时信号。当 $m=0$ 时,$G(mf_b) \neq 0$,因此离散谱中有直流分量。此时单极性不归零信号的双边功率谱密度为

$$P_b(f) = \frac{1}{4} f_b |\tau Sa(\pi f \tau)|^2 + \frac{1}{4} f_2^b \tau^2 \sum_{m=-\infty}^{+\infty} |Sa(\pi m f_b \tau)]|^2 \delta(f-mf_b) \tag{5.6}$$

由以上分析可知,单极性归零信号的功率谱不但有连续谱,而且在 $f=mf_b$ 处均有离散谱。因而其含有可以用于提取位同步信息的频率分量。由连续谱可以方便地求出单极性归零信号功率谱的近似带宽为 $B=\dfrac{1}{\tau}$。

从以上例子可以看出:

(1) 随机序列的带宽主要依赖单个码元波形的频谱函数,两者之中应取较大带宽的一个作为序列带宽。时间波形的占空比越小,频带越宽。通常以谱的第一个零点作为矩形脉冲的近似带宽,它等于脉宽 τ 的倒数,即 $B=1/\tau$。由图 5.7 可知,不归零脉冲的 $\tau=T_b$,则 $B_s=f_b$;

占空比为 1/2 归零脉冲的 $\tau=T_b/2$，则 $B=1/\tau=2f_b$。其中 $f_b=1/T_b$，是位定时信号的频率，在数值上与码元速率 R_s 相等。

(2) 单极性基带信号是否存在离散线谱取决于矩形脉冲的占空比，单极性归零信号中有定时分量，可直接提取。单、双极性不归零信号中无定时分量，若想获取定时分量，要进行波形变换。0、1 等概率的双极性信号没有离散谱，也就是说没有直流分量和定时分量。

上面举的例子都是以矩形为基础的，从图 5.7 中可以看到，功率谱密度在第一个零点以后还有不少能量(有拖尾)，如果通信带宽限制在 0 到第一个零点范围内，则会引起波形传输的较大失真，因此实际用于传输的波形往往要求功率谱密度更多能量集中在第一个零点之内，而第一个零点之外的拖尾很小，而且衰减的速度很快。实际中，常用的一种波形是升余弦脉冲，把宽度为 T_b 的矩形脉冲用宽度为 $2T_b$ 的升余弦脉冲代替。

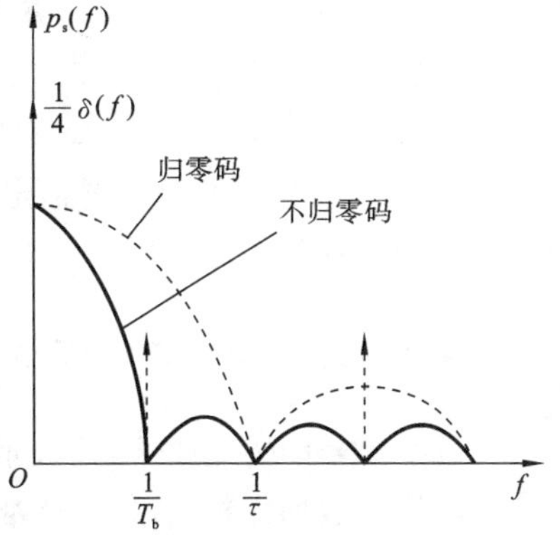

图 5.7 二进制的随机脉冲序列功率谱

综上分析，研究随机脉冲序列的功率谱是十分有意义的，一方面可以根据它的连续谱来确定序列的带宽，另一方面根据它的离散谱是否存在这一特点，使我们明确能否从脉冲序列中直接提取定时分量，以及采用怎样的方法可以从基带脉冲序列中获得所需的离散分量。这一点，在研究位同步、载波同步等问题将是十分重要的。

5.4 无码间串扰的传输波形

5.2 节和 5.3 节讨论的数字基带信号都是矩形波形，这样的信号在频域内是无穷延伸的，而实际信道的条件是受频道限制的，还有噪声干扰。基带信号通过这样的信道传输，或多或少要受到影响。若要获得性能良好的基带传输系统，则必须使码间干扰和噪声的综合影响控制得足够小，使系统的总的误码率达到规定要求。数字信号传输的主要质量指标是传输速率和误码率，而传输速率与误码率是密切相关和相互矛盾的。当信道等条件一定时，传输速率越高，误码率也越高；反过来传输速率降低，误码率也将降低。要减小码间干扰，研究基带传输特性对码间干扰的影响是十分有意义的。

我们从频谱分析的基本原理可以知道，任何信号的频域受限和时域受限不可能同时成立。信道的带宽受限意味着经传输后的信号的带宽受限，导致前后码元的波形产生畸变。因此，前面码元的波形会出现很长的拖尾，延伸到当前码元的抽样时刻，对当前码元的判决造成干扰。这种码元之间的相互干扰成为码间串扰或符号间串扰 ISI。

码间串扰和信道噪声是影响基带信号进行可靠传输的主要因素，而它们都与基带传输系统的传输特性有密切的关系。将基带系统的总传输特性的码间串扰和噪声影响控制在足够小的程度，这是基带传输系统的设计目标。我们首先建立基带信号传输系统的典型模型，如图 5.8 所示，$\{a_n\}$ 为发送滤波器的输入符号序列，假设 $\{a_n\}$ 对应的基带信号 $d(t)$ 是间隔为 T_b、强度由 $\{a_n\}$ 决定的单位冲击序列，即

$$d(t) = \sum_{n=-\infty}^{\infty} a_n \delta(t - nT_b) \tag{5.7}$$

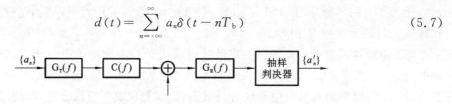

图 5.8　数字基带系统传输模型

现在研究的问题是,在式(5.7)信号激励下,如何设计数字基带系统传输模型。主要需要设计发送滤波器 $G_T(f)$、信道 $C(f)$ 以及接收滤波器 $G_R(f)$,使传输函数为 $H(f) = G_T(f)C(f)G_R(f)$;接收滤波器输出的波形 $y(t)$ 中没有码间串扰,以使抽样判决器正确判决,恢复出发送序列的估计序列 $\{a_n'\}$。

5.4.1　无码间串扰的传输条件

在数字信号的传输中,码元波形是按照一定的间隔发送的,信息携带在频带信号的幅度上。接收端经过抽样判决,如果能准确恢复幅度信息,原始信息码就能准确地送到。因此,只需要研究特定时刻的抽样值无串扰,而不用考虑波形是否在时间上的延伸。接收波形满足抽样值无串扰的充要条件是,仅在本码元的抽样时刻上有最大值,而在其他码元的抽样时刻信号值为0,对其他码元的抽样时刻信号值无影响,即在抽样点上不存在码间串扰。一种典型波形如图5.9所示。

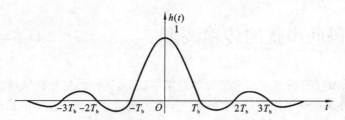

图 5.9　抽样点上不存在码间串扰的波形

首先我们来了解一下无码间串扰的传输特性。若想消除码间串扰,则应有

$$\sum_{n \neq k} a_n h\big[(k-n)T_b + t_0\big] = 0 \tag{5.8}$$

由于 a_n 是随机的,要通过各项相互抵消使得码间串扰为0是不行的,这就需要对 $h(t)$ 的波形提出要求。假设相邻码元的前一个码元的波形到达后一个码元抽样判决时刻时已经衰减到0,这种情况下就能满足需求。但这样的波形不易实现,在实际情况中,$h(t)$ 波形有很长的"拖尾",其"拖尾"造成对相邻码元的串扰,这种情况下,只要让它在 $t_0 + T_b$、$t_0 + 2T_b$ 等后面码元抽样判决时刻上正好为0,就能消除码间串扰。

要满足无码间串扰,则 $h(t)$ 应有

$$h(kT_b) = \begin{cases} 1, & k=0 \\ 0, & k \neq 0 \end{cases} \tag{5.9}$$

根据以上分析,数字基带信号速率为 f_b 时,无码间串扰时的基带传输特性必须满足

$$\sum_{m=-\infty}^{\infty} H(f + m/T_b) = T_b \tag{5.10}$$

因此,只要基带系统的总传输特性 $H(f)$ 满足该条件,均可消除码间串扰。这个结论就成为我们检验一个给定的系统特性 $H(f)$ 是否会产生码间串扰的一种准则。由于该准则是奈奎斯特提出的,故将它称为奈奎斯特第一准则。同时它也提供了满足无码间串扰的频域条件。

式(5.10)的物理意义:将 $H(f)$ 在频率轴上以 $1/T_b$ 为周期展开并叠加,如果叠加后的结果为常数,则无码间串扰,反之就有码间串扰。式中没有任何条件限制,说明在整个频率轴上叠加后的结果均为常数,但事实上只需检验在 $|f| \leqslant f_b/2$ 范围内是否满足上述条件即可。

对于式(5.10)的结果我们可以分以下三种情况讨论。

(1) $f_b > 2B$ (码元速率大于 2 倍系统带宽)。

B 为基带传输系统的带宽。该条件也可以看作为 $B < f_b/2$,f_b 为码元速率。由于 $B(f) = \sum\limits_{m=-\infty}^{\infty} H(f + m/T_b)$ 是一系列 $H(f)$ 的周期性重复,周期为 $1/T_b$,因此无论 $H(f)$ 的形状如何取,都不可能使 $\sum\limits_{m=-\infty}^{\infty} H(f + m/T_b) = T_b$,因此无法设计一个无码间串扰的系统。

(2) $f_b = 2B$ (码元速率等于 2 倍带宽)。

此时,$f_b = 1/T_b = 2B$,即码元速率等于基带系统带宽的 2 倍,该速率称为奈奎斯特速率,它的物理含义就是在给定基带传输系统带宽情况下,可得的最高无码间串扰传输速率。要想使此时 $\sum\limits_{m=-\infty}^{\infty} H(f + m/T_b)$ 为常数,唯一可能的传输函数为

$$H(f) = \begin{cases} 常量, & |f| < B \\ 0, & 其他 \end{cases} \tag{5.11}$$

即理想低通。其冲激响应为

$$x(t) = \frac{\sin(\pi t/T_b)}{\pi t/T_b} = Sa\left(\frac{\pi t}{T_b}\right) \tag{5.12}$$

(3) $f_b < 2B$ (码元速率小于带宽的 2 倍)。

此时,$H(f)$ 由一系列相互重叠的波形组成。多个 $H(f)$ 重叠相加的结果,就有可能使 $\sum\limits_{m=-\infty}^{\infty} H(f + m/T_b) = T_b$ 的条件得以满足。

由以上三种情况的讨论结果我们可以得出以下结论。

第一,输入序列若以 f_b 的速率进行传输时,所需的最小传输带宽为 $f_b/2$ Hz。这是在抽样时刻无码间串扰条件下,基带系统所能达到的极限情况。此时基带系统所能提供的最高频带利用率为 $\eta = 2$ Baud/Hz(波特/赫兹)。通常,我们把 $f_b/2$ 称为奈奎斯特带宽。当给定基带系统宽带为 B 时,该系统无码间串扰的最高传输速率为 $2B$,称为奈奎斯特速率。

第二,当码元速率小于奈奎斯特速率时,判断基带传输系统在抽样时刻无码间串扰的条件为 $\sum\limits_{m=-\infty}^{\infty} H(f + m/T_b)$ 是否为常数。综合上一结论,我们知道,若输入序列的码元速率为 f_b,则只需检验 $\sum\limits_{m=-\infty}^{\infty} H(f + m/T_b)$ 在区间 $|f| \leqslant f_b/2$ 中是否为常数,我们把这一区间中的叠加结果记为等效理想低通 $H_{eq}(f)$,因此判断无码间串扰的条件简化为

$$H_{eq}(f)=\sum_{m=-\infty}^{\infty} H(f+m/T_b)=常数,|f|\leqslant \frac{f_b}{2} \tag{5.13}$$

第三,若某基带传输系统在码元速率为 f_b 时无码间串扰,则当码元速率为 f_b/n 时也无码间串扰,其中 n 为整数。

【例 5.4】 设有三种数字基带传输系统的传输特性,如图 5.12 中 a、b、c 所示。

(1) 在传输码元速率为 $R_s=1000$ Baud 的数字基带信号时,三种系统是否存在码间干扰?

(2) 若无码间干扰,则频带利用率分别为多少?

(3) 若取样时刻(位定时)存在偏差,哪种系统会引起较大的码间干扰?

(4) 选用哪种系统更好?简要说明理由。

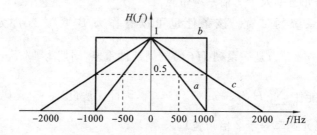

图 5.10　数字基带传输系统传输特性

解　(1) 对于传输特性 a,它的等效低通带宽为
$$B=500 \text{ Hz}$$
由奈奎斯特准则可知,其最大的无码间干扰速率为
$$R_b=2B=1000 \text{ Baud}$$
对于传输特性 b,它是理想的低通特性,在传输码元速率为 $R_s=1000$ Baud 时可以无码间干扰。

对于传输特性 c,它的等效低通带宽为
$$B=1000 \text{ Hz}$$
由奈奎斯特准则可知,其最大的无码间干扰速率为
$$R_b=2B=2000 \text{ Baud}$$
因此,上述三种系统均无码间干扰。

(2) 这三种系统的频带利用率分别为

对于 a,$\eta_s=\dfrac{R_s}{B}=1$ Baud/Hz;

对于 b,$\eta_s=\dfrac{R_s}{B}=1$ Baud/Hz;

对于 c,$\eta_s=\dfrac{R_s}{B}=0.5$ Baud/Hz。

(3) 取样时刻偏差引起的码间干扰取决于系统冲激响应"尾部"的收敛速度。"尾部"收敛速度越快,时间偏差引起的码间干扰就越小,反之,则越大。

对于 a 和 c,由于是三角特性,三角函数的傅里叶逆变换得到的时间表达式分别为
$$h_a(t)=1000 Sa^2(1000\pi t)$$
$$h_c(t)=1000 Sa^2(1000\pi t)$$

对于 b,

$$h_b(t) = 2000Sa(2000\pi t)$$

可知,对于 a 和 c,它们是与 t^2 成反比,"尾部"收敛速度较快,故时间偏差引起的码间干扰小。对于 b,它是与 t 成反比,"尾部"收敛速度较慢,故时间偏差引起的码间干扰较小。

(4) 选择何种特性的系统传输数字基带信号,需要考虑可实现性、频带利用率及定时偏差引起的码间干扰的大小。系统 b 是理想系统,实现非常困难。系统 a 和 c 都是物理可实现的,且定位时引起的码间干扰较小。相对来说,系统 a 的频带利用率更高,因此,选用系统 a 较好。

5.4.2 无码间串扰的传输波形

1. 理想低通信号

由 $h(t)$ 与 $H(f)$ 的关系可知,如何形成合适的 $h(t)$ 波形,实际是如何设计 $H(f)$ 特性的问题。下面,我们不考虑噪声的情况下,研究如何设计基带传输特性 $H(f)$,以形成在抽样时刻上无码间串扰的冲激响应波形 $h(t)$。

根据上节分析,在假设信道和接收滤波器所造成延迟 $t_0 = 0$ 时,所谓无码间串扰,即若对 $h(t)$ 在时刻 kT_b 抽样,应该满足下列公式:

$$h(kT_b) = \begin{cases} 1, & k=0 \\ 0, & k \neq 0 \end{cases} \tag{5.14}$$

上式说明,$h(t)$ 的值除 $t=0$ 时不为零外,其他抽样点上的取值均为零。于是由式(5.14)可知,这时不存在码间串扰。

能满足这个要求的 $h(t)$ 是可以找到的,而且是很多的。例如,由 $h(t) = \dfrac{2A}{2T_b} \cdot Sa(\pi t/T_b)$ 得到的曲线就能在 $T_b, 2T_b, \cdots, nT_b$ 这些特殊点上为零,如图 5.11 所示,它对应的传输函数为理想低通,带宽为 $W = 1/2T_b$。当然 $h(t) = Sa^2(\pi t/T_b)$ 和 $h(t) = Sa(m\pi t/T_b)$ 等曲线也都能满足上述要求。

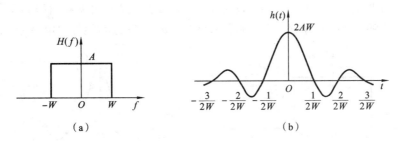

图 5.11 理想低通系统

当系统的传输特性在奈奎斯特带宽内就是理想的低通特性,由结论可知,$H(f)$ 为一理想低通滤波器。如图 5.11 所示,当 $A = T_b$ 时,它的冲激响应为

$$h(t) = \frac{\sin(\pi t/T_b)}{\pi t/T_b} = Sa(\pi t/T_b) \tag{5.15}$$

如图 5.11 所示,$h(t)$ 在 $t = \pm kT_b(k \neq 0)$ 时有周期性零点,当发送序列的间隔为 T_b 时正好巧妙地利用了这些零点,实现了无码间串扰传输。理想低通传输特性的基带系统有最大的频带利用率。但令人遗憾的是,理想低通系统在实际应用中存在两个问题:一是理想矩形特性

的物理实现极为困难;二是理想的冲激响应 $h(t)$ 的"尾巴"很长,衰减很慢,当存在定时偏差时,可能出现严重的码间串扰。

2. 升余弦滚降信号

无串扰波形在实际中得到了广泛的应用。升余弦滚降信号的频域特性以 π/T_b 为中心,具有奇对称升余弦形状,统称为升余弦滚降信号,简称升余弦信号。这里的"滚降"指的是信号的频域过渡特性或频域衰减特性。具有滚降系数 a 的余弦滚降特性 $H(f)$ 可表示为

$$H(f)=\begin{cases} T_b, & 0\leqslant |f|\leqslant \dfrac{1-a}{2\,T_b} \\ \dfrac{T_b}{2}\left\{1+\cos\left[\dfrac{\pi\,T_b}{a}\left(|f|-\dfrac{1-a}{2\,T_b}\right)\right]\right\}, & \dfrac{1-a}{2\,T_b}\leqslant |f|\leqslant \dfrac{1+a}{2\,T_b} \\ 0, & |f|\geqslant \dfrac{1+a}{2\,T_b} \end{cases} \tag{5.16}$$

而相应的冲激响应 $h(t)$ 为

$$h(t)=\frac{\sin(\pi t/T_b)}{\pi t/T_b}\cdot \frac{\cos(\pi at/T_b)}{1-4\,a^2t^2/T_2^b}=Sa(\pi t/T_b)\frac{\cos(\pi at/T_b)}{1-4\,a^2t^2/T_2^b} \tag{5.17}$$

实际 $H(f)$ 可按不同的 a 来选取。$0\leqslant a\leqslant 1$,不同的 a 有不同的滚降特性。图 5.12 画出了按升余弦滚降信号的三种滚降特性和冲激响应。由图可以看出:$a=0$ 时,就是理想低通特性;$a=1$ 时,是实际中常采用的升余弦频谱特性,这时,$H(f)$ 可表示为

$$H(f)=\begin{cases} (T_b/2)[1+\cos(2\pi f\,T_b/2)], & |f|\leqslant 1/T_b \\ 0, & |f|>1/T_b \end{cases} \tag{5.18}$$

其单位冲源响应为

$$h(t)=\frac{\sin(\pi t/T_b)}{\pi t/T_b}\cdot \frac{\cos(\pi t/T_b)}{1-4\,t^2/T_2^b} \tag{5.19}$$

由式(5.19)可知,升余弦滚降系统的 $h(t)$ 满足抽样时刻上无串扰的传输条件,且抽样时刻之间又增加了一个零点,其尾部衰减较快(与 t^2 成反比),这有利于减小码间串扰和位定时误差的影响。$a=1$ 时,这种系统的频谱宽度是 $a=0$ 的 2 倍,因而频带利用率为 1 Baud/Hz,是最高频带利用率的一半。一般情况下,带度 $B=(1+a)/(2\,T_b)$,频带利用率 $\eta=2/(1+a)$。

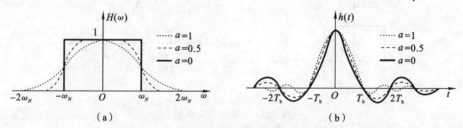

图 5.12　余弦滚降系统

(a) 传输函数;(b) 冲击响应

【**例 5.5**】 已知某信道的截止频率为 10 MHz,信号中传输 8 电平数字基带信号。如果信道的传输特性为 $a=0.5$ 的升余弦滚降特性,求该信道的最高信息传输速率 R_b。

解　该信道的码元频带利用率为

$$\eta_s=\frac{R_s}{B}=\frac{2}{(1+a)}=\frac{2}{(1+0.5)}\ \text{Baud/Hz}=\frac{4}{3}\ \text{Baud/Hz}$$

最高码元传输速率为

$$R_\mathrm{s}=\eta_\mathrm{s}B=\frac{4}{3}\times10\times10^6\ \mathrm{Baud}=\frac{4}{3}\times10^7\ \mathrm{Baud}$$

8 电平数字基带信号的最高信息传输速率 R_b 为

$$R_\mathrm{b}=R_\mathrm{s}\times\log_2 8=4\times10^7\ \mathrm{b/s}$$

5.5 部分响应基带传输

与理想低通信号相比较,升余弦信号除了可以在现实中实现,还具有其他优点,比如拖尾的振荡幅度减小,对定时误差的要求放宽等,因此得到了广泛的应用。在上面的讨论中,根据奈奎斯特第一准则,要消除码间干扰,必须把基带系统的总特性设计成理想低通特性,或者能等效成理想低通特性(如具有对称滚降特性)。理想低通滤波特性的频带利用率可达到基带系统的理论极限值 2 Baud/Hz,但难以实现,且它的 $h(t)$ 的"尾巴"振荡幅度大、收敛慢,从而对定时要求十分严格。余弦滚降特性虽然克服了上述缺点,但所需的频带却加宽了,达不到 2 Baud/Hz 的频带利用率(升余弦特性时为 1 Baud/Hz),即降低了系统的频带利用率。由此可见,高的频带利用率与"尾巴"衰减大、收敛快是互相矛盾的,因此不适合高速传输。

针对这种情况,我们能否找到既能使频带利用率提高,又满足"尾巴"衰减大、收敛快的传输波形呢?奈奎斯特第二准则回答了这个问题。该准则指出:有控制地在某些码元的抽样时刻引入码间串扰,而在其余码元的抽样时刻无码间串扰,那么就能使频带利用率提高到理论上的最大值,同时又可以降低对定时精度的要求。利用人为的、有规律的串扰可以达到压缩传输频带的目的。这种系统通常称为部分响应基带传输系统,近年来得到了推广和应用。

5.5.1 第Ⅰ类部分响应波形

部分响应波形是具有持续 1 b 以上,且有一定长度码间串扰的波形。以最简单的部分响应波形为例,可以说明其中的道理。我们熟知,波形 $\sin x/x$ "拖尾"严重,但观察图 5.12 所示的 $\sin x/x$ 波形,会看到相距一个码元间隔的两个 $\sin x/x$ 波形的"拖尾"刚好正负相反,因此利用这种波形组合肯定可以构成"拖尾"衰减很快的脉冲波形。利用上述思路,可将两个间隔为一个码元宽度 T_b 的 $\sin x/x$ 相加,如图 5.13 所示。相加后的波形为

$$g(t)=\frac{\sin\left[\frac{\pi}{T_\mathrm{b}}\left(t+\frac{T_\mathrm{b}}{2}\right)\right]}{\frac{\pi}{T_\mathrm{b}}\left(t+\frac{T_\mathrm{b}}{2}\right)}+\frac{\sin\left[\frac{\pi}{T_\mathrm{b}}\left(t-\frac{T_\mathrm{b}}{2}\right)\right]}{\frac{\pi}{T_\mathrm{b}}\left(t-\frac{T_\mathrm{b}}{2}\right)} \tag{5.20}$$

可得 $g(t)$ 的频谱函数为

$$G(\omega)=\begin{cases}2T_\mathrm{b}\cos\dfrac{\omega T_\mathrm{b}}{2}, & |\omega|\leqslant\dfrac{\pi}{T_\mathrm{b}}\\[3mm]0, & |\omega|>\dfrac{\pi}{T_\mathrm{b}}\end{cases} \tag{5.21}$$

可知,$g(t)$ 是呈余弦型的,且频谱限制在 $(-\pi/T_\mathrm{b},\pi/T_\mathrm{b})$ 内,如图 5.13(b)所示(只画正频率部分)。接下来我们来讨论 $g(t)$ 的波形特点。由式(5.21)可得

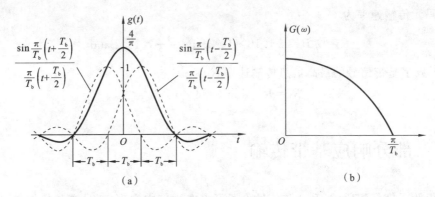

图 5.13　g(t) 及其频谱

$$g(t)=\frac{4}{\pi}\left[\frac{\cos\frac{\pi t}{T_b}}{1-\frac{4t^2}{T_b^2}}\right] \tag{5.22}$$

由上式可知

$$\begin{cases}g(0)=4/\pi\\g\left(\pm\frac{T_b}{2}\right)=1\\g\left(\frac{kT_b}{2}\right)=0,\quad k=\pm3,\pm5,\cdots\end{cases} \tag{5.23}$$

结合图 5.13 可见，除了在相邻的取样时刻 $t=\pm T_b/2$ 处 $g(t)=1$ 外，剩下的取样时刻 $g(t)$ 具有等间隔零点。因此，我们可以得到以下结论：第一，$g(t)$ 波形的尾巴幅度随 t 按 $1/t^2$ 变化，即 $g(t)$ 的尾巴幅度与 t^2 成反比，这说明它比 $\sin x/x$ 波形收敛快、衰减也大。从图 5.13 (a)也可以看到，相距一个码元间隔 $\sin x/x$ 波形的拖尾正负相反且相互抵消，从而使合成波形拖尾迅速衰减。第二，如果用 $g(t)$ 作为传送波形，且码元间隔为 T_b，在抽样时刻上，发送码元的样值将受到前一码元的相同幅度样值的串扰，而与其他码元不会发生串扰。由于所发生的串扰是确定且可控的，在接收端可以消除掉。但进一步分析表明，由于存在前一码元留下的有规律的串扰，可能会造成误码的传播。

设输入的二进制码序列为 $\{a_k\}$，并设a_k的取值为 $+1$ 或 -1。这样，当发送码元 a_k 时，接收波形 $g(t)$ 在第 k 个时刻上获得的样值C_k应是a_k与前一码元在第 k 个时刻上留下的串扰值之和，相关编码规则为

$$C_k=a_k+a_{k-1} \tag{5.24}$$

式中：a_{k-1}表示a_k前一码元在第 k 个时刻上的抽样值。

又因为串扰值和信码抽样值幅度相等，所以C_k将可能为 -2、0、$+2$ 三种值。如果设 a_{k-1} 码元已经判定，接收端可以根据收到的C_k再减去a_{k-1}，便可得到a_k的取值，即

$$a_k=C_k-a_{k-1} \tag{5.25}$$

应该看到，上述判决方法虽然在原理上是可行的，但由于a_k的恢复不仅由C_k来决定，还需参考前一码元a_{k-1}的判决结果。在传输过程中，如果$\{C_k\}$序列中某个抽样值因干扰而发生差错，则不但会造成当前恢复的a_k值错误，而且还会影响到以后所有的a_{k+1},a_{k+2},…的抽样值错误，我们把这种现象称为差错传播现象。差错传播的过程如表 5.1 所示。

表 5.1 差错传播过程

输入信码	1	0	1	1	0	0	0	1	0	1	1
发送端 $\{a_k\}$	+1	−1	+1	+1	−1	−1	−1	+1	−1	+1	+1
发送端 $\{C_k\}$		0	0	+2	0	−2	−2	0	0	0	+2
接收的 $\{C'_k\}$		0	0	+2	0	−2	$0_\times$	0	0	0	+2
恢复的 $\{a'_k\}$	$\underline{\pm1}$	−1	+1	+1	−1	−1	$+1_\times$	$-1_\times$	$+1_\times$	$-1_\times$	$+3_\times$

由上述过程可知,自 $\{C'_k\}$ 出现错误之后,接收端恢复出来的 $\{a'_k\}$ 全部是错误的。此外,在接收端恢复 $\{a'_k\}$ 时还必须有正确的起始值 $\underline{\pm1}$,否则也不可能得到正确的 $\{a'_k\}$ 序列。实际中确实还能找到频带利用率高(达到 2 Baud/Hz)和尾巴衰减大、收敛也快的传输波形。而且我们还可以看出,码间干扰受到控制。这说明,利用存在一定码间干扰的波形,有可能达到充分利用频带效率和使尾巴振荡衰减加快两个目的。

现在我们来介绍一种比较实用的部分响应系统,还利用上个例子说明。在这个系统里,接收端无需首先已知前一码元的判定值,并且也不存在错误的传播现象。先在发送端相关编码之前进行编码,并将发送端的信码 a_k 变成 b_k,其规则是

$$b_k = a_k + b_{k-1} \tag{5.26}$$

即

$$a_k = b_k + b_{k-1} \tag{5.27}$$

式中:+表示按照模 2 和。

然后,把 $\{b_k\}$ 作为发送序列,形成由式(5.20)决定的 $g(t)$ 波形序列,则此时对应的式(5.24)改写为

$$C_k = b_k + b_{k-1} \tag{5.28}$$

显然,进行模 2(mod 2)处理,则有

$$[C_k]_{\text{mod2}} = [b_k + b_{k-1}]_{\text{mod2}} = b_k + b_{k-1} = a_k \quad \text{或} \quad a_k = [C_k]_{\text{mod2}} \tag{5.29}$$

这个结果说明,对接收到的 C_k 作模 2 处理之后会直接得到发送端的 a_k,此时不需要预知 a_{k-1},也就不存在错误传播现象。通常,在上述过程中把 a_k 变成 b_k 称为预编码,而把式(5.24)和式(5.28)的关系称为相关编码。所以,整个过程可概括为"预编码—相关编码—模 2 判决"过程。例如,设 a_k 为 10110001011,编码过程如表 5.2 所示。

表 5.2 相关编码过程

$\{a_k\}$	1	0	1	1	0	0	0	1	0	1	1
$\{b_{k-1}\}$	0	1	1	0	1	1	1	1	0	0	1
$\{b_k\}$	1	1	0	1	1	1	1	0	0	1	0
$\{C_k\}$	0	+2	0	0	+2	+2	+2		−2	0	0
$\{C'_k\}$	0	+2	0	0	+2	+2	+2	0	$0_\times$	0	0
$\{a'_k\}$	1	0	1	1	0	0	0	1	$1_\times$	1	1

判决的原则是

$$C_k = \begin{cases} \pm2, & \text{判 0} \\ 0, & \text{判 1} \end{cases}$$

此例说明，C_k产生错误只影响本时刻C_k的值，所以差错不会向后蔓延，而是局限在受干扰码元本身位置，这是因为预编码解除了码元间的相关性。上面讨论的系统组成方框图如图5.14所示，其中图5.14(a)为原理方框图，图5.14(b)为实际系统组成框图。

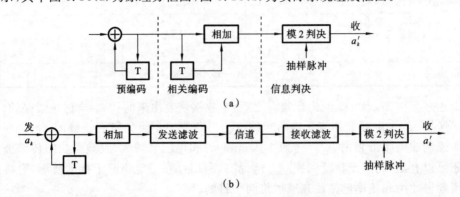

图 5.14　第 I 类部分相应系统组成框图

5.5.2　部分响应系统的一般形式

部分响应波形的一般形式可以是 N 个 $\sin x/x$ 波形之和，其表达式为

$$g(t)=R_1\frac{\sin\dfrac{\pi}{T_b}t}{\dfrac{\pi}{T_b}t}+R_2\frac{\sin\dfrac{\pi}{T_b}(t-T_b)}{\dfrac{\pi}{T_b}(t-T_b)}+\cdots+R_N\frac{\sin\dfrac{\pi}{T_b}[t-(N-1)T_b]}{\dfrac{\pi}{T_b}[t-(N-1)T_b]} \tag{5.30}$$

其中，加权系数$R_1,R_2,\cdots,R_N$为正、负整数及零。当取$R_1=1,R_2=1$，其余系数取$R_i=0$时，就是前面所述的第 I 类部分响应波形。

对应所示部分响应波形的频谱函数为

$$G(\omega)=\begin{cases} T_b\displaystyle\sum_{m=1}^{N}R_m e^{-j\omega(m-1)T_b}, & |\omega|\leqslant\dfrac{\pi}{T_b} \\ \\ 0, & |\omega|>\dfrac{\pi}{T_b} \end{cases} \tag{5.31}$$

其范围为$(-\pi/T_b,\pi/T_b)$。当$R_i(i=1,2,\cdots,N)$取值不同，就对应有不同类别的部分响应信号，以及不同的编码方式。若设输入数据序列为$\{a_k\}$，相应的相关编码电平为$\{C_k\}$，仿照式(5-39)，有

$$C_k=R_1a_k+R_2a_{k-1}+\cdots+R_Na_{k-(N-1)} \tag{5.32}$$

由式(5.32)可以看出，C_k的电平数将依赖于a_k的进制数 L 及 R_i 的取值，那么，一般C_k的电平数要超过a_k的进制数。

为避免因相关编码而引起的"差错传播"现象，一般要经过类似于前面介绍的"预编码—相关编码—模 2 判决"过程。先仿照式(5.27)将a_k进行预编码：

$$a_k=R_1b_k+R_2b_{k-1}+\cdots+R_Nb_{k-(N-1)}（按模 L 相加） \tag{5.33}$$

式中：a_k和b_k已假设为 L 进制。

然后，将预编码后的b_k进行相关编码：

$$C_k=R_1b_k+R_2b_{k-1}+\cdots+R_Nb_{k-(N-1)}（算术加） \tag{5.34}$$

最后对C_k作模L处理,并与式(5.33)比较可得

$$a_k = [C_k]_{\text{modL}} \qquad (5.35)$$

这正是所期望的结果。此时不存在错误传播问题,且接收端的译码十分简单,只需直接对C_k按模L判决即可得a_k。

采用部分响应波形能实现 2 Baud/Hz 的频带利用率,而且通常它的"尾巴"衰减大且收敛快,还可实现基带频谱结构的变化。目前,常见的部分响应波形有五类,其定义及各类波形、频谱特性和加权系数如表 5.3 所示。为了便于比较,把具有 $\sin x/x$ 波形的理想低通也列在表内,并称为第 0 类。从表中看出,各类部分响应波形的频谱在 $1/(2T_b)$ 处均为零,并且有的频谱在零频率处也出现零点(见Ⅳ、Ⅴ类)。通过相关编码技术实现的频谱结构的变化,对实际系统提供了有利的条件。目前应用较多的是第Ⅰ类和第Ⅳ类。第Ⅰ类频谱主要集中在低频段,适于通信频带高频严重受限的场合。第Ⅳ类无直流分量,且低频分量小,便于通过载波线路,以及便于边带滤波和实现单边带调制,因而在实际应用中第Ⅳ类部分响应用得最为广泛,其系统组成方框图可参照图 5-14 得到,这里不再画出。此外,以上两类的抽样值电平数比其他类别的少,所以它们得到广泛的应用,当输入为 L 进制信号时,经部分响应传输系统得到的第Ⅰ、Ⅳ类部分响应信号的电平数为 $2L-1$。

表 5.3 部分响应系统

类别	r_0	r_1	r_2	r_3	r_4	$h(t)$	$H(\omega)$	二进制输入时抽样值电平数
0	1							2
Ⅰ	1	1					$2T_b\cos\dfrac{\omega T_b}{2}$	3
Ⅱ	1	2	1				$4T_b\cos^2\left(\dfrac{\omega T_b}{2}\right)$	5
Ⅲ	2	1	-1				$2T_b\cos\dfrac{\omega T_b}{2}\sqrt{5-4\cos\omega T_b}$	5
Ⅳ	1	0	-1				$2T_b\sin\omega T_b$	3

续表

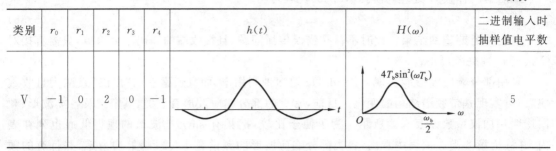

类别	r_0	r_1	r_2	r_3	r_4	$h(t)$	$H(\omega)$	二进制输入时抽样值电平数
V	−1	0	2	0	−1			5

$4T_b\sin^2(\omega T_b)$, $\frac{\omega_b}{2}$

综上分析,采用部分响应系统的好处是,它的传输波形的"尾巴"衰减大且收敛快,而且使低通滤波器成为可实现的,频带利用率可以提高到 2 Baud/Hz 的极限值,还可实现基带频谱结构的变化。也就是说,通过相关编码可得到预期的部分响应信号频谱结构。

最后需要指出,由于当输入数据为 L 进制时,部分响应波形的相关编码电平数要超过 L 个。因此,在同样输入信噪比条件下,部分响应系统的抗噪声性能会比零类响应系统差。这表明,为了获得部分响应系统的优点,就必须花费一定的代价,如可靠性下降等。

5.6 数字信号基带传输的差错率

本节主要讨论假设信道噪声是均值为 0 的加性高斯白噪声,在无码间串扰的情况下信道噪声对基带系统性能的影响。

5.6.1 抗噪声性能分析模型

只考虑噪声的基带信号传输模型如图 5.15 所示。从图中可知,基带传输系统由发送滤波器、信道、接收滤波器和再生抽样判决器几部分构成。其中,$\{a_n\}$ 为数字信号,数字信号通过滤波器得到基带信号 $g(t)$,基带信号在传输过程中会受到高斯白噪声 $n_c(t)$ 的影响,因此,接收滤波器输出为

$$s(t)=g(t)+n_c(t)$$

其中,$n_c(t)$ 为带限高斯噪声。混合波形 $s(t)$ 再送入再生抽样判决器进行抽样判决。

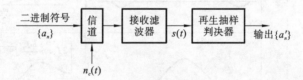

图 5.15 抗噪声性能分析模型

发送端发出的数字基带信号 $g(t)$ 经过信道和接收滤波器以后,在无码间串扰的情况下,对"1"码采样判决时刻信号有正的最大值,用 A 表示。对"0"码采样判决时刻信号有负的最大值,用 $-A$(双极性码)或者是 0(单极性码)表示。由于我们只关心采样时刻的取值,因此把收到的"1"码在整个区间都用 A 表示。对"0"码在整个区间都用 $-A$(或者用 0)来表示,这便于对性能进行分析。因此,双极性基带信号可以表示为

$$s(t) = \begin{cases} A, & \text{发送 } 1 \\ -A, & \text{发送 } 0 \end{cases}$$

同样单极性基带信号可以表示为

$$s(t) = \begin{cases} A, & \text{发送 } 1 \\ 0, & \text{发送 } 0 \end{cases}$$

5.6.2 二元码的误码率

设高斯带限噪声 $n_c(t)$ 的均值为 0,方差为 δ_n^2,则其一维概率分布密度函数为

$$f(x) = \frac{1}{\sqrt{2\pi}\delta_n} \exp\left(\frac{-x^2}{2\delta_n^2}\right) \tag{5.36}$$

在二进制数字基带信号的传输过程中,由噪声干扰引起的误码有以下两种形式。

(1) 如果发送信号的幅度为 0,在抽样时刻噪声幅度超过判决门限,使抽样值大于判决门限,则判决的结果认为发送信号幅度为 A,这样就将 0 码错判为 1 码。

(2) 如果发送信号的幅度为 A,在抽样时刻幅度为负值的噪声与信号幅度相抵消,使抽样值小于判决门限,则判决的结果认为发送信号幅度为 0,因此将 1 码错判为 0 码。

下面来求这两种情况下的误码率。

1. 单极性信号

0 码错判为 1 码时,发送码为 0 码。由于高斯带限噪声 $n_c(t)$ 的均值为 0,方差为 δ_n^2,则其一维概率分布密度函数为

$$f(x) = \frac{1}{\sqrt{2\pi}\delta_n} \exp\left(\frac{-x^2}{2\delta_n^2}\right)$$

此时,当抽样值大于判决门限时,就会发生误码。所以 0 码错判为 1 码的概率为

$$P_{b0} = P(x > V_d) = \int_{V_d}^{\infty} \frac{1}{\sqrt{2\pi}\delta_n} \exp\left(\frac{-x^2}{2\delta_n^2}\right) dx \tag{5.37}$$

对应图 5.16 中 V_d 右边的阴影面积。

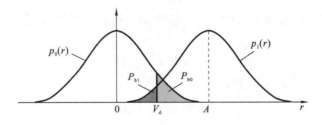

图 5.16 概率分布曲线图

1 码错判为 0 码时,发送码为 1 码。由于高斯带限噪声 $n_c(t)$ 的均值为 0,方差为 δ_n^2,则其一维概率分布密度函数为

$$f(x) = \frac{1}{\sqrt{2\pi}\delta_n} \exp\left(\frac{-x^2}{2\delta_n^2}\right)$$

此时,当抽样值小于判决门限时,就会发生误码。所以 1 码错判为 0 码的概率为

$$P_{b1} = P(x < V_d) = \int_{-\infty}^{V_d} \frac{1}{\sqrt{2\pi}\delta_n} \exp\left(\frac{-(x-A)^2}{2\delta_n^2}\right) dx \tag{5.38}$$

对应图 5.16 中 V_d 左边的阴影面积。

单极性信号系统传输总误码率为

$$P_e = P(0)P_{b0} + P(1)P_{b1} \tag{5.39}$$

基带传输系统的总误码率与判决门限电平 V_d 有关。可以计算出，当 $P(0) = P(1) = 1/2$ 时，最佳门限判决电平为 $V_d = A/2$。

当 $P(0) = P(1) = 1/2$ 时，且在最佳门限判决电平的条件下，基带传输系统的总误码率为

$$P_e = \frac{1}{2}\mathrm{erfc}\left(\frac{A}{2\sqrt{2}\delta_n}\right) \tag{5.40}$$

由于信号的平均功率 S 与信号的波形和大小有关，前面已经提到过，即使接收到的信号波形不是矩形脉冲，但由于我们只关心采样判决时刻的取值，因此一般都是以矩形脉冲为基础的二进制码元来计算信号的平均功率。

对于单极性基带信号，当 $P(0) = P(1) = 1/2$ 时，其信号的平均功率为 $A^2/2$，噪声功率为 δ_n^2，信噪比为

$$r = \frac{A^2}{2} / \delta_n^2 = \frac{A^2}{2\delta_n^2} \tag{5.41}$$

将式(5.41)代入式(5.40)可得：

$$P_e = \frac{1}{2}\mathrm{erfc}\left(\frac{\sqrt{r}}{2}\right) \tag{5.42}$$

2. 双极性信号

对于双极性信号，设它对"1"码采样判决时刻信号有正的最大值，用 A 表示；对"0"码采样判决时刻信号有负的最大值，用 $-A$ 表示。当 $P(0) = P(1) = 1/2$ 时，且在最佳门限判决电平的条件下，基带传输系统的总误码率为

$$P_e = \frac{1}{2}\left[1 - \mathrm{erf}\left(\frac{A}{\sqrt{2}\delta_n}\right)\right] = \frac{1}{2}\mathrm{erfc}\left(\frac{A}{\sqrt{2}\delta_n}\right) \tag{5.43}$$

对于双极性基带信号，当 $P(0) = P(1) = 1/2$ 时，其信号的平均功率为 A^2，噪声功率为 δ_n^2，信噪比为

$$r = A^2 / \delta_n^2 = 2r_单 \tag{5.44}$$

将式(5.44)代入式(5.43)可得：

$$P_e = \frac{1}{2}\mathrm{erfc}(\sqrt{r}) \tag{5.45}$$

由以上分析可知，基带传输系统的误码率只与信噪比有关。而且在单极性与双极性基带信号采样时刻的电平取值 A 相等，且噪声功率 δ_n^2 相等的情况下，单极性基带系统的抗噪声性能不如双极性基带系统。在等概率的情况下，单极性基带系统的最佳判决门限为 $A/2$。当信道特性发生变化时，信号的幅度将随之发生变化，故单极性基带系统的最佳判决门限也会随之发生改变，从而无法保持最佳的状态，导致误码率增大。而双极性的最佳判决门限电平为 0，与信号幅度无关，因而不会随着信道特性的改变而改变，故能保持最佳状态。因此，数字基带通信系统多采用双极性信号进行传输。

【**例 5.6**】 有一数字基带传输系统,匹配滤波器输入端的信号是二进制双极性矩形信号,"1"码幅度为 1 mV,码元速率为 2000 Baud,加性高斯白噪声的单边功率谱密度 $n_0 = 1.25 \times 10^{-10}$ W/Hz,求此数字基带传输系统的误码率。

解 根据题意可知,信噪比为

$$r = A^2 T_B / n_0 = \left[(1 \times 10^{-3})^2 \times \frac{1}{2000} \right] / 1.25 \times 10^{-10} = 5 \times 10^{-10} / 1.25 \times 10^{-10} = 4$$

代入式(5.45)可得:

$$P_e = \frac{1}{2} \mathrm{erfc}(\sqrt{r}) = \frac{1}{2} \mathrm{erfc}(2) = 2.34 \times 10^{-3}$$

5.7 眼图

实际应用的数字基带通信系统,由于滤波器性能不可能设计得完全符合要求,噪声又总是存在,另外信道特性常常不稳定等因素,故其传输性能不可能完全符合理想情况,有时甚至会相距甚远。因而计算由这些因素所引起的误码率将非常困难,甚至得不到一种合适的定量分析的方法。为了衡量数字基带通信系统性能的优劣,在实验室中,通常用示波器观察接收信号的波形方法来分析码间串扰和噪声对系统性能的影响,这就是眼图分析法。眼图是用简单方法和通用仪器观察系统性能的一种手段。通过"眼图"来定性估计码间干扰及噪声对接收性能的影响,并借助眼图对电路进行调整。

眼图的形成:将取样前的接收波形接到示波器的 Y 轴上,设置示波器水平扫描周期等于码元宽度,再调整示波器的扫描开始时刻,使它与接收波形同步。这样,接收波形就会在示波器的显示屏上重叠起来,显示出像眼睛一样的图形,这个图形称为"眼图"。

其方法是:将接收到的待测基带信号加于示波器输入端,定时信号作为示波器扫描同步信号,这样示波器的扫描周期与信号的码元周期严格同步,示波器上就可见如同人眼的图形,称为眼图。眼图张开的程度越大,系统性能越好;反之眼图张开的程度越小,系统性能越差。为了解释眼图和系统性能之间的关系,图 5.17 给出了在无噪声条件下,无码间串扰和有码间串扰的眼图。

图 5.17(a)所示的是接收滤波器输出的无码间串扰的二进制双极性基带波形。用示波器观察它,并将示波器扫描周期调整到整个码元周期,由于示波器余辉的作用,扫描所得的每个码元波形将重叠在一起,示波器屏幕上显示的是一只睁开的清晰的大"眼睛",如图 5.17(b)所示。而图 5.17(c)所示的是有码间串扰的二进制双极性基带波形。由于存在码间串扰,此时波形已经失真,示波器的扫描迹线就无法完全重合,于是形成的"眼睛"张开得比较小,且不端正,如图 5.17(d)所示。对比图 5.17(b)和(d),眼图的"眼睛"张开得越大,且"眼睛"越端正,就表示码间串扰越小,反之就越大。

为了进一步说明眼图和系统性能之间的关系,我们把眼图简化成一个模型,如图 5.18 所示,由该图可以获得如下信息:

(1) 最佳取样时刻应当在眼睛张开最大的时刻;

(2) 眼图斜边的斜率表示对位定时误差的灵敏度,斜率越陡,对位定时误差越灵敏;

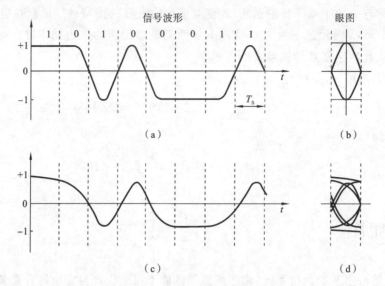

图 5.17　基带信号波形及眼图

（3）取样时刻阴影区的垂直高度表示信号的最大失真，它是噪声和码间干扰叠加的结果；

（4）眼图中央的横轴位置对应判决门限电平，图中为 0 电平；

（5）在取样时刻，上、下阴影区间隔距离的一半为噪声容限，噪声瞬时值超过它就可能发生错判；

（6）眼图左右角阴影部分的水平宽度表示信号过零点失真。

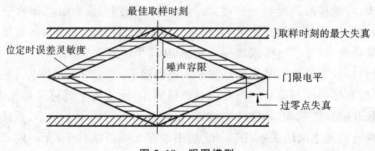

图 5.18　眼图模型

习　　题

1. 简述数字基带传输系统的基本结构及各部分的功能。

2. 数字基带信号有哪些常见的形式？各有什么特点？它们的时域表达式如何？

3. 数字基带信号的功率谱有什么特点？它的带宽只取决于什么？

4. 构成 AMI 码和 HDB3 码的规则是什么？它们各有什么优缺点？

5. 什么是码间干扰？它是如何产生的？对通信质量有什么影响？

6. 在二进制数字基带传输系统中，有哪两种误码？它们各在什么情况下发生？

7. 什么是眼图？它有什么作用？由眼图模型可以说明基带传输系统的哪些性能？

8. 数字基带传输系统对数字基带信号的码型有何要求？

9. 已知二元信息序列为 10011000001100000101,画出它所对应的单极性归零码、AMI 码和 HDB3 码。

10. 有 4 个连 1 与 4 个连 0 交替出现的序列,画出用单极性非归零码、AMI 码、HDB3 码表示时的波形图。

11. 试求出 16 位全 0 码,16 位全 1 码的 HDB3 码。

12. 设某基带传输系统具有如图 5.19 所示的三角形传输函数:

(1) 求该系统 $H(\omega)$ 表示式;

(2) 当数字基带信号的传码率 $R_B = \omega_0/\pi$ 时,用奈奎斯特准则验证该系统能否实现无码间干扰的传输?

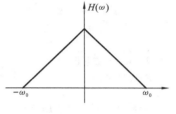

图 5.19 习题 12 图

13. 设某基带系统的频率特性是截止频率为 100 kHz 的理想低通滤波器。

(1) 用奈奎斯特准则分析当码元速率为 150 kBaud 时,系统是否有码间串扰?

(2) 当信息速率为 400 kBaud 时,系统是否有码间串扰?

14. 有一数字基带传输系统,且数字信号 0 和 1 发送概率相等。输入端的信号是二进制单极性矩形信号,"1"码幅度为 1 V,加性高斯白噪声的均值为 0,均方值为 0.2 V,求此数字基带传输系统的误码率。假设此时噪声环境不变,若要求误码率不大于 10^{-5},那么"1"码幅度为多少?

答　案

1～11　略。

12. (1) $H(\omega) = \begin{cases} 1 - \dfrac{|\omega|}{\omega_0}, & |\omega| \leqslant \omega_0 \\ 0, & |\omega| > \omega_0 \end{cases}$

(2) 当数字基带信号的传码率 $R_B = \omega_0/\pi$ 时,需要以 $2\pi R_B$ 为间隔对 $H(\omega)$ 进行分段叠加,分析区间 $(-\pi/T_B, \pi/T_B)$ 即 $[-\omega_0, \omega_0]$ 的叠加函数特性。

根据无码间干扰传输条件,该系统不能以传码率 $R_B = \omega_0/\pi$ 实现无码间干扰传输。

13. (1) 有;(2) 有。

14. 误码率为 6.21×10^{-3};幅度必须大于 $8.53\delta_n$。

6　数字频带传输系统

6.1　引言

数字通信是一种用数字信号作为载体来传输信息的通信方式。它可以传输电报、数据等数字信号，也可传输经过数字化处理的语音和图像等模拟信号。目前，光纤通信、微波通信及卫星通信等的通信技术大多属于数字通信。数字信号的传输方式分为基带传输和带通传输。在实际应用中，大多数信道具有带通特性而不能直接传输基带信号，需要对数字信号进行调制传输。调制的目的是把要传输的模拟信号或数字信号变换成适合信道传输的信号，这就意味着把基带信号（信源）转变为一个相对基带频率而言频率非常高的带通信号。该信号称为已调信号，而基带信号称为调制信号。调制可以通过使高频载波随信号幅度的变化而改变载波的幅度、相位或者频率来实现。调制过程用于通信系统的发端。在接收端需将已调信号还原成要传输的原始信号，也就是将基带信号从载波中提取出来以便预定的接受者（信宿）处理和理解的过程。该过程称为解调。

一般受调制载波的波形（信号表示）是可以任意的，只要已调信号适合于信道传输就可以了。但实际上，在大多数数字通信系统中，都选择了正弦信号作为载波，这主要是因为正弦信号形式简单，便于产生和接收。

用正弦信号作为载波的数字调制和前面讨论的模拟调制原理并无本质差异，都是进行频谱的搬移，目的都是为了有效地进行传输信息。区别在于基带信号一个是数字的，一个是模拟的。而且模拟信号是对载波信号的参量进行连续调制，在接收端对载波信号的调制参量连续地进行估值。而数字信号的频带传输是用载波信号的某些离散状态来表征所传送的信息，在接收端也只是对载波信号的离散调制参量进行检测。数字信号的频带传输信号也成为键控信号。

为了使数字信号在带通信道中传输，必须使用数字基带信号对载波进行调制，以使信号与信道的特性相匹配。这种用数字基带信号控制载波，把数字基带信号变换为数字带通信号的过程称为数字调制。数字调制信号的获取有两种途径：一是利用模拟调制的方法实现；二是采用数字键控的方法实现，即用载波的某些离散状态来表示数字基带信号的离散状态。键控方式中可以对载波的振幅、频率和相位进行键控，相应地可获得振幅键控（amplitude shift keying，ASK）、频移键控（frequency shift keying，FSK）、相移键控（phase shift keying，PSK）三种基本的数字调制。

数字信息有二进制和多进制之分，因此数字调制可以分为二进制数字调制和多进制数字调制。本章首先重点介绍二进制数字调制，然后对多进制数字调制做简要介绍。

6.2 二进制幅度键控

数字振幅调制是用数字基带信号控制正弦载波的振幅,常称为振幅键控。当数字基带信号为二进制时,为二进制幅移键控,简称为 2ASK。二进制幅移键控是指高频载波的幅度受到信号的控制,而频率和相位保持不变。也就是说,用二进制数字信号的 1 和 0 来控制载波的通和断。所以二进制幅移键控(2ASK)又称为通断键控(On-Off Keying,OOK)。

6.2.1 2ASK 调制原理

2ASK 技术是通过改变载波信号的幅值来表示二进制 0 或 1 的。载波根据 0、1 信息只改变其振幅,而频率和相位保持不变。哪个电压代表 0 以及哪个电压代表 1 则由系统设计者按照通信约定来确定。

2ASK 是用二进制数字基带信号控制正弦载波的振幅。例如,当信息为"1"码时,载波振幅不为零;当信息为"0"码时,载波振幅为 0。

假定载波的信号为 $C(t) = \cos\omega_c t$。需要说明的是,在调制过程中正弦和余弦载波并没有本质差别,而对于功率谱分析的过程中,使用余弦更加方便,而本书在叙述的过程中统称为正弦波。对于该图中使用的调制信号波形单极性占空比为 100% 的数字基带信号,后面对于 2ASK 信号进行功率谱分析时,则按照该信号进行分析。

设发送的二进制序列由 0 和 1 组成。发送 0 符号的概率为 P,发送 1 符号的概率为 $1-P$,且 0 和 1 码相互独立,则该二进制序列可以表示为

$$s(t) = \sum_n a_n g(t - nT_s) \tag{6.1}$$

式中:T_s 为二进制基带信号码元序列的码元脉冲宽度;$g(t)$ 是调制信号的脉冲表达式。

假设使用的二进制基带信号是宽度为 T_s、幅度为 1 的单极性矩形脉冲波形,则

$$g(t) = \begin{cases} 1, & 0 \leqslant t \leqslant T_s \\ 0, & \text{其他} \end{cases} \tag{6.2}$$

其中,a_n 为载波信号的二进制信号,其发送 0 符号的概率为 P,发送 1 符号的概率为 $1-P$。由以上分析可知,$S_{2ASK}(t)$ 为二进制振幅键控信号的表达式为

$$S_{2ASK}(t) = s(t)\cos\omega_c t = \left[\sum_n a_n g(t - nT_s)\right]\cos\omega_c t \tag{6.3}$$

2ASK 信号可以表示为一个单极性矩形脉冲波形与一个正弦载波相乘所得。其波形如图 6.1 所示,其中 $s(t)$ 为调制信号,$S_{2ASK}(t)$ 为已调信号。已调信号的幅度受调制信号的控制,也就是说已调信号的幅度上携带有调制信号的信息。从图中可以看出,二进制振幅键控是正弦载波的幅度随着数字信号变化而变化的数字调制。

产生 2ASK 信号的部件称为 2ASK 调制器。产生 2ASK 信号一般可以用两种方法,即模拟调制法(相乘法)和开关键控法。具体如图 6.2 所示。

图 6.2(a)所表示的模拟调制法是将调制信号直接与载波相乘。如图 6.2(b)所示,当 $s(t)=0$ 时,输出端与接地端相连,输出为 0。

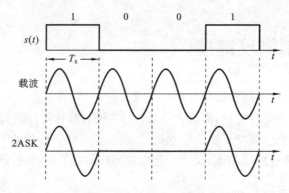

图 6.1　2ASK 波形图

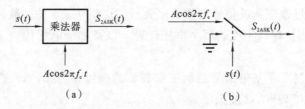

图 6.2　2ASK 信号的产生方法

1. 2ASK 信号的功率谱密度

由于实际的 $s(t)$ 均为随机脉冲序列,在研究 2ASK 信号的频谱特性时,应该讨论其功率谱密度。

由二进制振幅键控的表达式 $S_{2ASK}(t)=s(t)A\cos2\pi f_c t$ 可知,二进制振幅键控信号的表达式与双边带调幅信号的时域表达式类似。假设二进制基带信号 $s(t)$ 的功率谱密度为 $P_s(f)$,2ASK 信号的功率谱密度为 $P_{2ASK}(f)$,根据频谱分析可得:

$$P_{2ASK}(f)=\frac{1}{4}\left[P_s(f+f_c)+P_s(f-f_c)\right] \qquad (6.4)$$

由于前面已经假设调制信号 $s(t)$ 波形为单极性占空比为 100% 的数字基带信号,其中二进制基带信号是宽度为 T_s、幅度为 1 的单极性矩形脉冲波形,利用第 5 章数字基带信号的功率谱知识可知:

$$P_s(f)=f_s P(1-P)|G(f)|^2+f_s^2(1-P)^2|G(0)|\delta(f) \qquad (6.5)$$

将式(6.5)代入式(6.4)可得:

$$P_{2ASK}(f)=\frac{1}{4}f_s P(1-P)\left[|G(f+f_c)|^2+|G(f-f_c)|^2\right]$$

$$+\frac{1}{4}f_s^2(1-P)^2|G(0)|^2\left[\delta(f+f_c)+\delta(f-f_c)\right] \qquad (6.6)$$

当概率 $P=0.5$ 时,考虑到

$$G(f)=T_s Sa(\pi f T_s),\quad G(0)=T_s \qquad (6.7)$$

则 2ASK 信号的功率谱密度为

$$P_{2ASK}=\frac{T_s}{16}\left[\left|\frac{\sin(f+f_c)T_s}{\pi(f+f_c)T_s}\right|+\left|\frac{\sin(f-f_c)T_s}{\pi(f-f_c)T_s}\right|\right]^2$$

$$+\frac{1}{16}[\delta(f+f_c)+\delta(f-f_c)] \tag{6.8}$$

对应的曲线如图 6.3 所示。

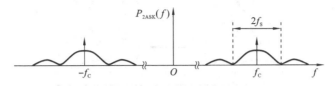

图 6.3   2ASK 信号的功率谱密度

由图 6.3 可以看出:2ASK 信号的功率谱是数字基带信号 $s(t)$ 信号功率谱的线性搬移,属于线性调制;2ASK 信号的功率谱包含了连续谱和离散谱,其中连续谱是数字基带信号经过线性调制后的双边带谱,而离散谱为载波分量;2ASK 信号的频带宽度为

$$B_{2ASK}=2B_s \tag{6.9}$$

式中:B_s 为基带信号 $s(t)$ 的带宽。

当 $s(t)$ 为 0、1 等概率出现的单极性矩形随机脉冲序列时,$B_s=f_s$,而码元速率 $R_B=\dfrac{1}{T_s}=f_s$,即 2ASK 信号的带宽等于数字基带信号码元速率的 2 倍。

6.2.2   2ASK 解调原理

解调目的:从频域看,解调就是将已调信号的频谱搬移回来,还原为数字基带信号;而从时域看,解调的目的就是将已调信号上携带的数字基带信号恢复出来。

2ASK 信号的解调有两种方法,即包络解调(包络检波)和相干解调(同步检测)两种方式。包络解调的原理方框图如图 6.4 所示。

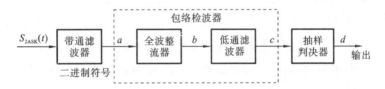

图 6.4   包络检波原理方框图

在包络检波的过程中,全波整流器和低通滤波器组成了包络检波器,抽样判决器的作用是将抽样值和门限值作比较,恢复出相应的基带序列。其解调过程中各点的时间波形如图 6.5所示。

相干解调也称为同步解调,它需要一个和接收信号中的载波同频同相的本地载波。相干解调的原理方框图如图 6.6 所示。在抽样判决时的判决规则为:若样本值大于门限值,则判决为 1 码,否则就判决为 0 码。

1. 包络解调时的误码率

假设接收到的 2ASK 的信号幅度为 a,当对于使用的调制信号 $s(t)$ 是单极性占空比为 100% 的数字基带信号,且 $P(0)=P(1)$ 时,进行抽样判决时的抽样判决门限为 $\dfrac{1}{2}a$,此时误码率为

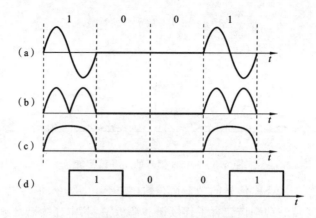

图6.5　包络检波过程中各点的时间波形图

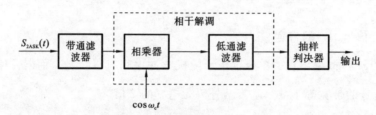

图6.6　相干解调的原理方框图

$$P_e = \frac{1}{2}e^{-r/4} \tag{6.10}$$

式中：$r = a^2/2\delta_n^2$，为解调器的输入信噪比，δ_n^2 为带通滤波器输出噪声功率。

需要注意的是，式(6.10)是在大信噪比的条件下成立。实际上，采用包络检波的接收系统通常工作在大信噪比的情况下。

2. 相干解调时的误码率

在相干解调的系统中，乘法器和低通滤波器组成了相干检测器，其解调原理是将已调信与相干载波在乘法器中相乘，然后由低通滤波器滤出所需的基带波形。其时间波形图和包络检波的时间波形图相近。

假设接收到的 2ASK 的信号幅度为 a，当对于该图中使用的调制信号 $s(t)$ 为单极性占空比为 100% 的数字基带信号，$P(0) = P(1)$ 时，进行抽样判决时的抽样判决门限为 $\frac{1}{2}a$，此时相干解调时的误码率为

$$P_e = \frac{1}{\sqrt{\pi r}}e^{-r/4} \tag{6.11}$$

式中：$r = a^2/2\delta_n^2$，为解调器的输入信噪比，δ_n^2 为带通滤波器输出噪声功率。

由式(6.10)和式(6.11)相比可以得知，在相同大信噪比的条件下，2ASK 信号的相干解调的误码率低于非相干解调的误码率，但两者的误码性能相差并不大。而且在采用相干解调时，接收端必须提供一个与 2ASK 信号的载波同步的相干载波，否则会造成解调后的波形失真。实际情况中，很少采用相干检测法来解调 2ASK 信号，因为非相干解调时不需要稳定的本地载波信号，故在电路上比相干解调要简单。

【例 6.1】 设二进制振幅调制 2ASK 系统的码元速率为 10^4 Baud,调制信号 $s(t)$ 为单极性占空比为 100％ 的数字基带信号,且"1"码和"0"码等概率。发"1"时接收端收到 2ASK 信号的振幅为 $a=4.24$ V,信道中加性高斯白噪声的单边功率谱密度为 $n_0=1.338\times10^{-5}$ W/Hz。

(1) 若采用相干解调,求系统误码率。

(2) 若采用非相干解调,求系统误码率。

解 (1) 由于码元速率为 10^4 Baud,则 $B_{2ASK}=2/T_s=2\times10^4$ Hz,则带通滤波器输出噪声功率为

$$\delta_2^n=n_0 B_{2ASK}=1.338\times10^{-5}\times2\times10^4 \text{ W}=0.2676 \text{ W}$$

信噪比为

$$r=a^2/2\delta_2^n=\frac{4.24^2}{2\times0.2676}=33.64$$

因为 $33.64\gg1$,为大信噪比,根据式(6.11)可以计算出采用相干解调时,系统误码率为

$$P_e=\frac{1}{\sqrt{\pi r}}e^{-r/4}=\frac{1}{\sqrt{3.1416\times33.64}}e^{-8.41}=2.16\times10^{-5}$$

(2) 同理,根据式(6.10)可以计算出采用非相干解调时,系统误码率为

$$P_e=\frac{1}{2}e^{-r/4}=\frac{1}{2}e^{-33.64/4}=1.1\times10^{-4}$$

6.3 二进制频移键控

数字频率调制也称为频移键控,是用数字基带信号控制正弦载波的频率。当数字基带信号为二进制时,则为二进制频移键控,简称为 2FSK。二进制频移键控是指载波的频率受调制信号的控制,而幅度和相位保持不变。

6.3.1 2FSK 调制原理

1. 调制器的原理

设发送的二进制序列由 0 和 1 组成,发送 0 符号的概率为 P,发送 1 符号的概率为 $1-P$,且 0 和 1 码相互独立。二进制频移键控可以看成是用两个不同载波的二进制幅移键控信号的叠加。二进制序列 0 码对应载波 $\cos\omega_1 t$;二进制序列 1 码对应载波 $\cos\omega_2 t$。需要说明的是,在调制过程中正弦和余弦载波并没有本质差别,而在对功率谱分析的过程中,使用余弦更加方便,而本书在叙述的过程中统称为正弦波。

设发送的二进制序列由 0 和 1 组成,发送 0 符号的概率为 P,发送 1 符号的概率为 $1-P$,且 0 和 1 码相互独立,则该二进制序列可以表示为

$$s(t)=\sum_n a_n g(t-nT_s) \tag{6.12}$$

a_n 序列所对应的反码表示为 $\overline{a_n}$,则根据以上分析,发送 0 符号的概率为 $1-P$,发送 1 符号的概率为 P,且 0 和 1 码相互独立。假设使用的二进制基带信号是宽度为 T_s、幅度为 1 的单极性矩形脉冲波形,则

$$g(t) = \begin{cases} 1, & 0 \leqslant t \leqslant T_s \\ 0, & \text{其他} \end{cases} \tag{6.13}$$

式中：T_s 为二进制基带信号码元序列的码元脉冲宽度；$g(t)$ 是调制信号的脉冲表达式。

设

$$\begin{cases} s_1(t) = \sum_n a_n g(t - nT_s) \\ s_2(t) = \sum_n \overline{a_n} g(t - nT_s) \end{cases} \tag{6.14}$$

于是，可以将 2FSK 信号表示为

$$S_{2FSK}(t) = s_1(t)\cos\omega_1 t + s_2(t)\cos\omega_2 t \tag{6.15}$$

2FSK 波形用二进制数字基带信号控制正弦载波的频率。例如，当信息为"1"码时，载波频率为 f_1；当信息为"0"码时，载波频率为 f_2。一个 2FSK 信号可以分解为两路 2ASK 信号，从图 6.7 可以看出，图中的 2FSK 信号可以看成是频率分别为 f_1 和 f_2 的两路 2ASK 信号的和值。其中两路 2ASK 信号所对应的调制信号互为反码。

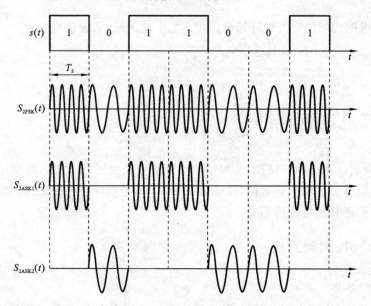

图 6.7 2FSK 波形图以及分解

产生 2FSK 信号的方法主要有两种：一种是直接调频法，即可以采用模拟电路来实现；另一种是采用键控法。键控法是在二进制基带矩形脉冲序列的控制下，通过开关电路对两个不同的独立频率源进行选择，使其在每一个码元期间输出频率为 f_1 和 f_2 的两个载波之一。直接调频法产生的 2FSK 信号在相邻码元之间的相位是连续的，它是频移键控通信方式早期采用的实现方法。第二种方法如图 6.8 所示，用数字键控法实现二进制移频键控信号。图中，两个振荡器的输出载波受输入的二进制基带信号控制。在一个码元期间输出频率为 f_1 和 f_2 的两个载波之一。该方法由于使用两个独立的振荡器，使得信号的相位存在不连续的现象，但它具有转换速度快、波形好、稳定度高且易于实现等优点，故应用广泛。

2. 2FSK 信号的功率谱密度

由于 2FSK 信号可以看成是频率分别为 f_1 和 f_2 的两路 2ASK 信号的和值，并且两路

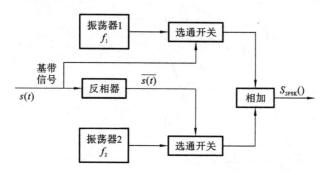

图 6.8 2FSK 数字键控法

2ASK 信号所对应的调制信号互为反码。假设二进制基带信号 $s(t)$ 的功率谱密度为 $P_s(f)$，对应的 2ASK 信号的功率谱密度为 $P_s(f)$。

假设二进制基带信号 $s(t)$ 的功率谱密度为 $P_s(f)$，2ASK 信号的功率谱密度为 $P_{2ASK}(f)$，根据频谱分析可得：

$$P_{2ASK}(f)=\frac{1}{4}[P_s(f+f_c)+P_s(f-f_c)]$$

根据频谱分析可得 2FSK 的功率谱密度为

$$P_{2FSK}(f)=\frac{1}{4}[P_s(f+f_1)+P_s(f-f_1)]+\frac{1}{4}[P_s(f+f_2)+P_s(f-f_2)] \quad (6.16)$$

由于前面已经假设调制信号 $s(t)$ 波形是单极性占空比为 100% 的数字基带信号，其中二进制基带信号是宽度为 T_s、幅度为 1 的单极性矩形脉冲波形，利用第 5 章数字基带信号的功率谱知识可知：

$$P_s(f)=f_s P(1-P)|G(f)|^2+f_s^2(1-P)^2|G(0)|^2\delta(f)$$

当概率 $P=0.5$ 时，考虑到

$$G(f)=T_s Sa(\pi f T_s), \quad G(0)=T_s$$

将上式代入式(6.16)可得：

$$\begin{aligned}P_{2FSK}(f)=\frac{T_s}{16}\{&Sa^2[\pi(f+f_1)]T_s+Sa^2[\pi(f-f_1)]T_s+Sa^2[\pi(f+f_2)]T_s\\&+Sa^2[\pi(f+f_1)]T_s+Sa^2[\pi(f-f_1)]T_s+Sa^2[\pi(f-f_2)]T_s\}\\&+\frac{1}{16}[\delta(f+f_1)+\delta(f+f_2)+\delta(f-f_1)+\delta(f-f_2)]\end{aligned} \quad (6.17)$$

根据分析，即可得出 2FSK 信号的功率谱密度曲线（见图 6.9），图中使用的调制信号 $s(t)$ 是单极性占空比为 100% 的数字基带信号。

由图 6.9 可以看出：第一，当 f_1 和 f_2 过于接近时，功率谱中两个 2ASK 频谱将发生重叠，且随着 f_1 和 f_2 之间的频率差的减小，其功率谱由双峰变为单峰。第二，相位不连续 2FSK 信号的功率谱由连续谱和离散谱组成。其中，连续谱由两个中心位于 f_1 和 f_2 处的双边谱叠加而成，离散谱位于两个载频 f_1 和 f_2 处；2FSK 信号的带宽近似为

$$B_{2FSK}=|f_2-f_1|+2B_s \quad (6.18)$$

式中：B_s 为基带信号 $s(t)$ 的带宽。当 $s(t)$ 为 0、1 等概率出现的单极性矩形随机脉冲序列时，$B_s=f_s$，而码元速率 $R_B=\frac{1}{T_s}=f_s$。2FSK 信号的带宽等于 f_1 和 f_2 的频率差的绝对值加上数

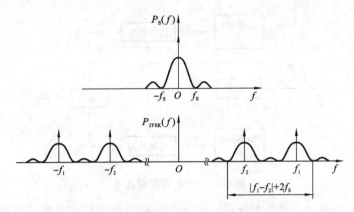

图 6.9　2FSK 信号的功率谱密度曲线图

字基带信号码元速率的 2 倍。第三,2FSK 属于非线性调制。

　　2FSK 频移键控容易实现,但其主要的缺点是占用频带较宽,其频带利用率低,故频移键控一般主要应用在低、中速数据的传输,以及频带较宽的信道与衰落信道。

6.3.2　2FSK 解调原理

　　2FSK 解调与调制是一个相反的过程,其原理是将一个 2FSK 信号分解为上、下两路 2ASK 信号,再对两路 2ASK 信号分别进行解调,然后再做判决。这里的抽样判决是直接比较两路信号抽样值大小。2FSK 信号的常用解调方法包括非相干解调(包络检波)和相干解调。

　　包络解调的原理方框图如图 6.10 所示。

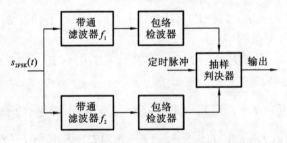

图 6.10　包络解调原理方框图

　　图 6.10 中两个中心频率为 f_1 和 f_2 的带通滤波器的作用是分别取出频率为 f_1 和 f_2 的高频信号,包络检波器的作用是将各自的包络取出至采样判决器,抽样判决器在采样脉冲到来的时候分别对两路包络的样值进行判决,判决的准则是哪路信号对应的样值大则对应该路频率所对应的数字基带信号。假设 f_1 对应的是"1"码,如果频率 f_1 所对应的信号的包络大于频率 f_2 所对应的信号的包络时,那么判决器输出的信号即为 1 码。

　　相干解调的原理方框图如图 6.11 所示。在相干解调的原理方框图中,接收信号经过上、下两路带通滤波器滤波,然后与本地相干载波相乘再经过低通滤波后,进行采样判决。判决的准则和在包络解调中的方法是一样的,哪路信号对应的样值大则对应该路频率所对应的数字基带信号。假设 f_1 对应的是"1"码,如果频率 f_2 所对应的信号的包络小于频率 f_1 所对应的信号的包络时,那么判决器输出的信号即为 1 码。

　　设两个带通滤波器的中心频率分别对应 2FSK 的两个信号的频率 f_1 和 f_2,B_s 为基带信

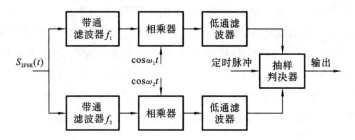

图 6.11　相干解调的原理方框图

号 $s(t)$ 的带宽。$B_s = R_B = \dfrac{1}{T_s} = f_s$。两路频带信号的带宽均为 $2B_s$。

2FSK 的另外一种常用而简单的解调方法就是过零检波解调法。其基本原理就是二进制移频键控信号的过零点数随着载波频率的不同而不同,经过检测过零次数从而得到频率的变化。其原理方框图如图 6.12 所示。在图中,输入信号经过限幅后,产生矩形波,经过微分、整流、脉冲波形成形后得到与频率变化相关的矩形脉冲波形,再经过低通滤波器滤除高次谐波,便可以恢复出与原数字信号对应的数字基带信号。

图 6.12　过零检波解调原理方框图

1. 包络解调时的误码率

假设接收到的 2FSK 的信号幅度为 a,当对于该图中使用的调制信号 $s(t)$ 是单极性占空比为 100% 的数字基带信号,且 $P(0) = P(1)$ 时,此时误码率为

$$P_e = \frac{1}{2} e^{-r/2} \tag{6.19}$$

式中:$r = a^2 / 2\delta_n^2$,为解调器的输入信噪比,δ_n^2 为带通滤波器输出噪声功率。

当带通滤波器的带宽为 B 时,$\delta_n^2 = n_0 B$。需要注意的是,此时的 B 并不是 2FSK 信号的带宽,而是对应的带通滤波器的带宽,即 $B = 2f_s = 2R_B$。

2. 相干解调时的误码率

在相干解调的系统中,乘法器和低通滤波代替了包络检波器,其解调原理是将已调信号与相干载波在乘法器中相乘,然后由低通滤波器滤出所需的基带波形。

假设接收到的 2FSK 的信号幅度为 a,当对于该图中使用的调制信号 $s(t)$ 波形是单极性占空比为 100% 的数字基带信号,且 $P(0) = P(1)$ 时,进行抽样判决时的抽样判决门限为 $\dfrac{1}{2}a$,此时相干解调时的误码率为

$$P_e = \frac{1}{\sqrt{2\pi r}} e^{-r/2} \tag{6.20}$$

式中:$r = a^2 / 2\delta_n^2$,为解调器的输入信噪比,同样的,δ_n^2 为带通滤波器输出噪声功率。

当带通滤波器的带宽为 B 时,$\delta_n^2 = n_0 B$。需要注意的是,此时的 B 并不是 2FSK 信号的带宽,而是对应的带通滤波器的带宽,即 $B = 2f_s = 2R_B$。

由式(6.19)和式(6.20)相比可以得知,在相同大信噪比的条件下,2FSK 信号的相干解调的误码率低于非相干解调的误码率,但两者的误码率相差并不很大。而且在采用相干解调时,接收端必须提供一个与 2FSK 信号的载波同步的相干载波,否则会造成解调后的波形失真。在实际情况中,如果在能满足输入信噪比的情况下,一般多采用非相干解调。

【例 6.2】 已知 2FSK 信号的两个频率 $f_1=1080$ Hz,$f_2=2380$ Hz,码元速率为 300 Baud,信道有效带宽为 3000 Hz,信道输出端的信噪比为 6 dB。试求:

(1) 2FSK 信号的带宽。

(2) 若采用包络解调,求系统误码率。

解 (1) 由于码元速率为 300 Baud,由公式
$$B_{2FSK}=|f_2-f_1|+2B_s$$
可求得 2FSK 信号的带宽为
$$B_{2FSK}=|f_2-f_1|+2B_s=[(2380-1080)+2\times300]\text{ Hz}=1900\text{ Hz}$$

(2) 包络解调时,接收机中两个支路带通滤波器的带宽为 600 Hz,为基带信号码元速率的 2 倍。而信道带宽为 3000 Hz,是接收机带通滤波器带宽的 5 倍,所以带通滤波器输出的信噪比是信道输出信噪比的 5 倍,即带通滤波器输出的信噪比为 $r=5\times10^{0.6}=5\times3.98107\approx20$。所以采用非相干解调,2FSK 系统误码率为
$$P_e=\frac{1}{2}e^{-r/2}=\frac{1}{2}e^{-10}=2.27\times10^{-5}$$

【例 6.3】 在 2FSK 系统中,1 码所对应的载波频率为 2.25 MHz,0 码所对应的载波频率为 1.85 MHz,且发送概率相等。码元速率为 $R_B=0.2\times10^6$ Baud;解调器输入端信号振幅为 4 mV,信道加性高斯白噪声双边功率谱密度为 10^{-12} W/Hz。

(1) 求 2FSK 系统的频带利用率。

(2) 若采用非相干解调,求系统的误码率。

解 (1) 2FSK 信号的带宽为
$$B_{2FSK}=|f_2-f_1|+2B_s=|f_2-f_1|+2R_B=0.8\text{ MHz}$$
2FSK 系统的频带利用率为
$$\eta=R_B/B_{2FSK}=\frac{0.2\times10^6}{0.8\times10^6}\text{ Baud/Hz}=\frac{1}{4}\text{ Baud/Hz}$$

(2) 若采用非相干解调,系统的误码率为
$$P_e=\frac{1}{2}e^{-r/2}$$
式中:$r=a^2/2\delta_n^2$,为解调器的输入信噪比,δ_n^2 为带通滤波器输出噪声功率。

当带通滤波器的带宽为 B 时,$\delta_n^2=n_0B$,即
$$\sigma_n^2=2\times10^{-12}\times0.4\times10^6\text{ W}=0.8\times10^{-6}\text{ W}$$
解调器的输入信噪比为
$$r=\frac{a^2}{2\sigma_n^2}=\frac{16\times10^{-6}}{1.6\times10^{-6}}=10$$
系统的误码率为
$$P_e=\frac{1}{2}e^{-r/2}=\frac{1}{2}e^{-5}=3.37\times10^{-3}$$

6.4　二进制相移键控

数字相位调制常称为相移键控,是用数字基带信号控制正弦载波的相位。根据控制载波相位的方法不同,相移键控又分为绝对相移键控和差分相移键控两种。当数字基带信号为二进制时,则分别为二进制绝对相移键控 2PSK 和二进制差分相移键控 2DPSK。

6.4.1　二进制绝对相移键控

2PSK 相位键控是利用载波的相位变化来传递数字信息,而振幅和频率保持不变。在 2PSK 中,通常用初始化相位 0 和 π 分别表示二进制"0"和"1"。发送二进制符号"0"时,取 0 相位,发送二进制符号"1"时,取 π 相位(当然也可以相反)。这种以载波的不同相位直接去表示相应二进制数字信号的调制方式,通常"1"码与载波的相位相同,"0"码与载波的相位相反。这种调制方式称为二进制的绝对相移。2PSK 信号的波形图如图 6.13 所示。

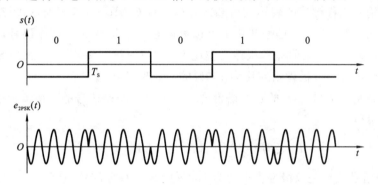

图 6.13　2PSK 波形图以及分解

从图 6.13 中可以看出,发送二进制符号"0"时取 0 相位;发送二进制符号"1"时取 π 相位。以载波的不同相位直接去表示相应二进制数字信号的调制方式,称为二进制绝对相移方式 2PSK。

需要强调的是,根据 2PSK 调制规则,画出 2PSK 波形时,一定要先画出未调载波(参考载波),因为 2PSK 的相位是以未调载波相位为参考的,这点非常重要,否则在解调的过程中极易发生错误。

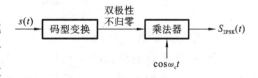

图 6.14　2PSK 波形模拟调制法

产生 2PSK 信号的方法主要有两种:一种是模拟调制法;另一种是采用键控法。模拟调制法的原理框图如图 6.14 所示。

当对于该图中使用的调制信号 $s(t)$ 波形是单极性占空比 100% 的数字基带信号,进行的码型变换为双极性全占空矩形信号。

图 6.15 中 $s'(t)$ 就是 $s(t)$ 经过码型变换后得到的波形图。

键控法的原理方框图如图 6.16 所示。

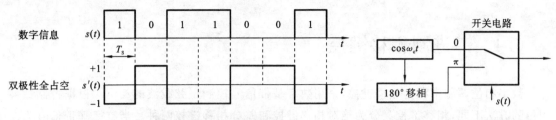

图 6.15　单/双极性变换波形示意图　　　　图 6.16　2PSK 波形键控法

在键控法中，由数字信号 $s(t)$ 控制开关，选择 $\cos\omega_c t$ 或者 $\cos(\omega_c t + \pi) = -\cos\omega_c t$，通常"1"码与载波的相位相同，"0"码与载波的相位相反。

由上面的分析可知，2PSK 信号的时间表达式为

$$s_{2PSK}(t) = s'(t)A\cos\omega_c t$$

$s'(t)$ 就是 $s(t)$ 经过码型变化后得到的双极性全占空矩形信号。

6.4.2　2PSK 信号的功率谱密度

由二进制绝对相移键控的表达式可知 $s_{2PSK}(t) = s'(t)A\cos\omega_c t$，该表达式与双边带调幅信号的时域表达式类似。2PSK 信号实质上可以看成是一个特殊的 2ASK 信号，只不过普通的 2ASK 信号所对应的基带信号是单极性占空比为 100% 的数字基带信号，而 2PSK 信号可以看成是对应的基带信号是双极性占空比为 100% 的 2ASK 信号。

假设二进制基带信号 $s'(t)$ 的功率谱密度为 $P_s(f)$，2PSK 信号的功率谱密度为 $P_{2PSK}(f)$，根据频谱分析可得

$$P_{2PSK}(f) = \frac{1}{4}\big[P_s(f+f_c) + P_s(f-f_c)\big] \tag{6.21}$$

由于 $s'(t)$ 信号波形是双极性占空比为 100% 的数字基带信号，且假设"0"码和"1"码等概率。利用第 5 章数字基带信号的功率谱知识可知：

$$P_s(f) = T_s\left(\frac{\sin\pi f T_s}{\pi f T_s}\right)^2 \tag{6.22}$$

将式（6.22）代入式（6.21）可得 2PSK 信号的功率谱密度为

$$P_{2PSK} = \frac{T_s}{4}\left[\left|\frac{\sin(f+f_c)T_s}{\pi(f+f_c)T_s}\right|^2 + \left|\frac{\sin(f-f_c)T_s}{\pi(f-f_c)T_s}\right|^2\right] \tag{6.23}$$

对应的曲线如图 6.17 所示。

由图 6.17 可以看出：2PSK 信号的功率谱是数字基带信号 $s(t)$ 经过码型变化后功率谱的线性搬移，属于线性调制；2PSK 信号的功率谱只包含连续谱，没有离散谱。2PSK 信号的频带宽度为

$$B_{2PSK} = 2B_s \tag{6.24}$$

式中：B_s 为基带信号 $s(t)$ 的带宽。

当 $s(t)$ 为 0、1 等概率出现的单极性矩形随机脉冲序列时，由于 $s'(t)$ 信号是经过码型变换后的双极性占空比为 100% 的数字基带信号，带宽没有发生变化，$B_s = f_s$，而码元速率 $R_B = \dfrac{1}{T_s} = f_s$。2PSK 信号的带宽等于数字基带信号码元速率的 2 倍。

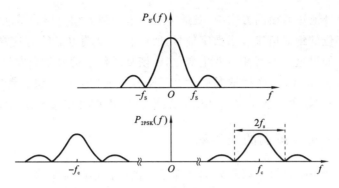

图 6.17　2PSK 信号的功率谱密度曲线

6.4.3　2PSK 解调原理

2PSK 是用相对于载波的相位差来传输信息的,故只能采用相干解调,必须要有相干载波作为参考。解调的框图如图 6.18 所示。

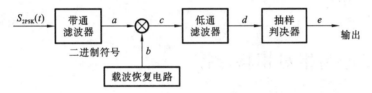

图 6.18　2PSK 相干解调框图

需要指出的是,2PSK 解调的分析过程与 2ASK 解调器的分析过程是一样的,但不同的 2PSK 对应的信号是双极性的,所以当 0 和 1 概率相等时,判决门限为 0。如果按照惯例,在发端"1"码与载波的相位相同,"0"码与载波的相位相反。在接收判决的过程中,当抽样值大于 0 时,判断为"1"码;当抽样值小于 0 时,判断为"0"码。

在图 6.18 中,假设 $S_{2PSK}(t)$ 的信号波形如图 6.19(a)所示,则图 6.18 中各点的信号波形如图 6.19 所示。

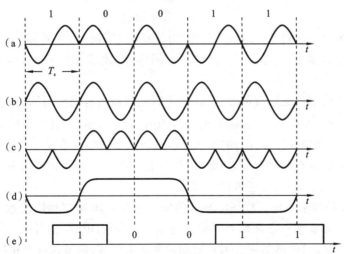

图 6.19　2PSK 相干解调各点波形图

由于 2PSK 信号绝对调相的方式中，发送端是以未调载波相位作为基准，然后用已调载波相位相对于基准相位的绝对值来表示数字信号，所以在接收端也必须有这样的一个固定的基准相位作为参考。如果这个参考相位发生变化，则恢复的数字信号就会发生错误，而且将与发送信息完全相反（1、0 倒置）。这种情况称为 2PSK 方式的"倒 π"现象或者"反向工作现象"。为了克服这种现象，实际中一般不采用 2PSK 方式，而采用相对相移键控（2DPSK）方式。

6.4.4　2PSK 相干解调的误码率

假设接收到的 2PSK 的信号幅度为 a，当对于该图中使用的调制信号 $s(t)$ 波形是单极性占空比为 100％的数字基带信号，且 $P(0) = P(1)$ 时，此时误码率为

$$P_e = \frac{1}{2\sqrt{\pi r}}e^{-r} \tag{6.25}$$

式中：$r = a^2/2\delta_n^2$，为解调器的输入信噪比，δ_n^2 为带通滤波器输出噪声功率。

当带通滤波器的带宽为 B 时，$\delta_n^2 = n_0 B$。2PSK 信号的带宽等于数字基带信号码元速率的 2 倍，即 $B = 2f_s = 2R_B$。

6.5　二进制相对相移键控

6.5.1　调制器的原理

二进制差分相移键控常简称为二相相对调相，记作 2DPSK。它不是利用载波相位的绝对数值传送数字信息，而是用前后码元的相对载波相位值传送数字信息。用二进制数字信息去控制相邻两个码元内载波的相位差。所谓相对载波相位是指本码元初相与前一码元初相之差。假设相对载波相位值用相位偏移 $\Delta\varphi$ 表示，并规定数字信息序列与 $\Delta\varphi$ 之间的关系为

$$\Delta\varphi = \begin{cases} 0, & 数字信息"0" \\ \pi, & 数字信息"1" \end{cases} \tag{6.26}$$

根据上式就可以得出对于 2DPSK 而言，当信息为"1"码时，本码元的载波初相相对于前一码元的载波末相改变 180°（变）；当信息为"0"码时，则改变 0°（不变），这个规则也称为"1"变、"0"不变。

假设载波频率等于码元速度的 2 倍，即一个码元间隔内有两个周期的载波，调制信号 $s(t)$ 所对应的码字为 10011001。则 $s_{2DPSK}(t)$ 的波形如图 6.20 所示。在图中，可以观察发现，"1"码时，前后码元载波的相位发生变化，而"0"码时，载波前后的相位不变。

由于初始参考相位有两种可能，因此 2DPSK 信号的波形也可以有两种（另一种相位完全相反，图中未画出）。由图 6.20 还可以看出：

（1）与 2PSK 的波形不同，2DPSK 波形的同一相位并不对应相同的数字信息符号，而前后码元的相对相位才能唯一确定信息符号。这说明解调 2DPSK 信号时，并不依赖于某一固定的载波相位参考值，只要前后码元的相对相位关系不破坏，则鉴别这个相位关系就可正确恢复数字信息，这就避免了 2PSK 方式中的"倒 π"现象发生。由于相对移相调制无"反相工作"

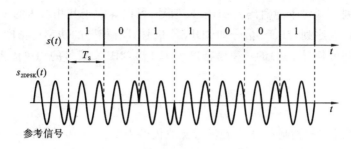

图 6.20 2DPSK 波形图

问题,因此得到了广泛的应用。

(2) 单从波形上看,2DPSK 与 2PSK 是无法分辨的,比如图 6.21 中,2DPSK 也可以是另一符号序列经绝对相移而形成的。这说明,一方面,只有已知相移键控方式(绝对的或相对的),才能正确判定原信息;另一方面,相对相移信号可以看作把数字信息序列(绝对码)变换成相对码,然后再根据相对码进行绝对相移而形成的。这就为 2DPSK 信号的调制与解调指出了一种借助绝对相移途径实现的方法。这里的相对码,即差分码,就是按相邻符号不变表示原数字信息"0",相邻符号改变表示原数字信息"1"的规律由绝对码变换而来的。

由上可知,2DPSK 信号的产生过程是,首先对数字基带信号进行差分编码,即将绝对码变为相对码(差分码),然后再进行 2PSK 调制。2DPSK 调制器如图 6.21 所示。

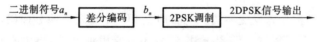

图 6.21 2DPSK 调制器框图

图 6.21 中各点波形分别如图 6.22 所示。

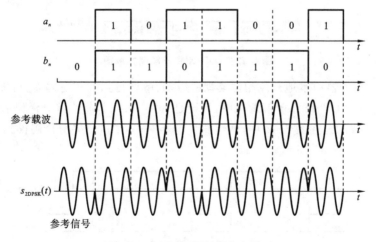

图 6.22 2DPSK 调制器各点波形

6.5.2 2DPSK 信号的功率谱密度

相对相移本质上就是对由绝对码转换而来的差分码的数字信号序列的绝对相移。那么,2DPSK 信号的表达式与 2PSK 的形式应完全相同,所不同的只是此时式中的 $s(t)$ 信号表示的是差分码数字序列。即对于绝对码的 2DPSK 信号,可以等同于其相对码的 2PSK 信号。所以对于相同的数字信息序列,2PSK 信号和 2DPSK 信号具有相同的功率谱密度,带宽也一样。

假设二进制基带信号 $s'(t)$ 的功率谱密度为 $P_s(f)$,2PSK 信号的功率谱密度为 $P_{2PSK}(f)$,根据频谱分析可得

$$P_{2PSK}(f) = \frac{1}{4}\left[P_s(f+f_c) + P_s(f-f_c)\right]$$

2PSK 信号所对应的调制信号 $s'(t)$ 波形是双极性占空比为 100% 的数字基带信号,且"0"码和"1"码等概率。经过上节的分析可知,2PSK 信号的功率谱密度为

$$P_{2PSK} = \frac{T_s}{4}\left(\left|\frac{\sin(f+f_c)T_s}{\pi(f+f_c)T_s}\right|^2 + \left|\frac{\sin(f-f_c)T_s}{\pi(f-f_c)T_s}\right|^2\right)$$

由于相对相移 2DPSK 信号本质上就是对由绝对码转换而来的差分码的数字信号序列的绝对相移,2DPSK 信号所对应的差分码的数字信号序列波形仍然是双极性占空比为 100% 的数字基带信号,而且并未改变"0"码和"1"码概率,码元速度也保持一致。那么,2DPSK 信号的表达式与 2PSK 的形式应完全相同,带宽也保持一致。

6.5.3　2DPSK 解调原理

2DPSK 信号有两种解调方式:一种是相干解调;另一种是差分相干解调。前者又称为极性比较码反变换法。

(1) 相干解调,又称为码反变换法。此法即是 2PSK 解调加差分译码,其调解方框图如图 6.23 所示。2PSK 解调器将输入的 2DPSK 信号还原成相对码 b'_n,再由差分译码器(码反变换器)把相对码转换成绝对码,输出 a_n。差分译码的规则为

$$a_n = b'_n \oplus b'_{n-1} \tag{6.27}$$

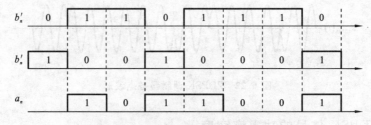

图 6.23　2DPSK 相干解调方框图

由于 2PSK 解调器中本地载波相位模糊的影响,解调得到的相对码 b'_n 可能会存在"倒 π"现象的问题。但在 2DPSK 相干解调法中,无论是否"0"和"1"倒置,差分译码后得到的绝对码 a_n 信息序列是一致的。在图 6.24 中,两组相反的相对码 b'_n 进行差分译码得到的绝对码 a_n 信息序列是一致的。

图 6.24　差分译码克服"倒 π"现象

(2) 差分相干解调。它是直接比较前后码元的相位差进行解调的,故也称为相位比较法解调。其解调原理是:直接比较前后码元的相位差,从而恢复发送的二进制数字信息。由于在

解调的过程中同时完成了码反变换,故解调器中不需要码反变换器。同时差分相干解调不需要专门的相干载波,因此也是一种非相干解调方法。差分相干解调的原理方框图如图6.25所示。在图中,带通滤波器的作用是确保有用的信号通过,同时滤除带外噪声。图中各点的波形如图 6.26 所示。从图 6.25 可知,差分相干解调进行解调的过程中,不需要恢复本地载波,由收到的信号单独完成。其工作原理是,将接收的 2DPSK 信号进行了一个码元间隔的延时,然后与原 2DPSK 信号相乘。相乘的作用是:进行相位比较,如果前后两个码元的载波初相是相同的,那么相乘的结果是正值;如果前后两个码元的载波初相是相反的,那么相乘的结果是负值。把相乘的结果进行了积分然后再进行采样判决,就可以恢复原数字信息。进行判决时的判决规则应根据调制的规则来进行确定。当调制采用"1"码,前后码元载波的相位发生变化,而"0"码时,载波前后的相位不变时,若取样的样本值为 X,则判决规则应该为

$$\begin{cases} X>0, & \text{判决为 0} \\ X<0, & \text{判决为 1} \end{cases} \tag{6.28}$$

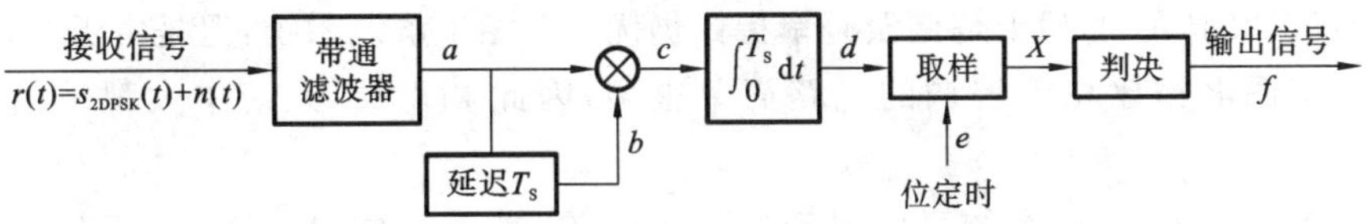

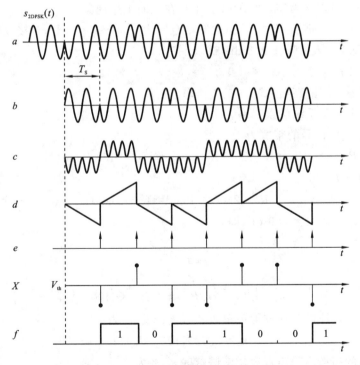

图 6.25 2DPSK 差分相干解调方框图

图 6.26 2DPSK 差分相干解调各点波形

用差分相干解调需要注意的是,该方法是通过比较相邻两个码元内载波的初相之差来检测信息的,因此,只有当码元周期等于载波周期整数倍的 2DPSK 信号调制,才能使用本方法。

6.5.4 差分相干解调的误码率

假设接收到的 2DPSK 的信号幅度为 a,当对于该图中使用的调制信号 $s(t)$ 波形是单极性占空比为 100% 的数字基带信号,且 $P(0)=P(1)$ 时,此时误码率为

$$P_e = \frac{1}{2}e^{-r} \tag{6.29}$$

式中: $r=a^2/2\delta_n^2$,为解调器的输入信噪比, δ_n^2 为带通滤波器输出噪声功率。

当带通滤波器的带宽为 B 时, $\delta_n^2 = n_0 B$。2PSK 信号的带宽等于数字基带信号码元速率的 2 倍,即 $B=2f_s=2R_B$。

2DPSK 的相干解调方框图如图 6.23 所示,从图中可以看出,该图是由 2PSK 相干解调电路输出端再加上差分译码器构成,所以前面讨论的 2PSK 相干解调系统的误码率的公式不是它的最终结果。而理论的分析可以证明,接入码反变换器后会使误码率增加 1~2 倍。仅就抗噪声性能而言,2DPSK 的相干解调误码率指标仍优于非相干解调系统,但是由于 2DPSK 系统的差分相干解调电路比相干解调的电路简单很多,因此 2DPSK 系统中大都采用差分相干解调。

比较 2PSK 与 2DPSK 系统可以得到如下结论:① 当 r 相同时,2DPSK 系统的误码率比 2PSK 系统的误码率大,故 2PSK 系统的抗噪声性能优于 2DPSK 系统;② 2PSK 和 2DPSK 解调方法的最佳判决门限均为零;③ 2DPSK 不存在反向工作现象。

【例 6.4】 在 2DPSK 系统中,信道的频带范围为 1000~3400 Hz,若接收机输入信号的幅度为 0.1 V,解调器输入信噪比为 9 dB,试求:

(1) 码元的传输速率。

(2) 接收机输入端的高斯白噪声双边功率谱密度。

(3) 差分相干解调系统的误码率。

解 (1) 2DPSK 信号的带宽为

$$B_{2DPSK} = 2B_s = (3400-1000) \text{ Baud/Hz} = 2400 \text{ Baud/Hz} = 2R_B$$

则码元的传输速率 R_B 为

$$R_B = 2400/2 \text{ Baud} = 1200 \text{ Baud}$$

(2) 解调器输入信噪比为 9 dB,即

$$r = \frac{a^2}{2\sigma_n^2} = 10^{0.9}$$

即

$$r = \frac{a^2}{2\sigma_n^2} = 10^{0.9} = \frac{a^2}{2n_0 B_{2DPSK}} = \frac{0.1^2}{2n_0 \times 2400} = 7.94$$

可得接收机输入段的高斯白噪声单边功率谱密度 n_0 为

$$n_0 = 2.62 \times 10^{-7} \text{ W/Hz}$$

即接收机输入段的高斯白噪声双边功率谱密度 $n_0/2$ 为

$$n_0/2 = 1.31 \times 10^{-7} \text{ W/Hz}$$

(3) 差分相干解调系统的误码率为

$$P_e = \frac{1}{2}e^{-r}$$

式中:$r=a^2/2\delta_n^2$,为解调器的输入信噪比,代入可得:

$$P_e=\frac{1}{2}e^{-r}=\frac{1}{2}e^{-7.94}=1.78\times10^{-4}$$

【例6.5】 在2DPSK系统中,假设要求以1 Mb/s的速度来传输数据,误码率不超过10^{-4},且在接收机输入端的高斯白噪声单边功率谱密度为$n_0=1\times10^{-12}$ W/Hz。试求,采用差分相干解调系统时,所接收的信号的功率。

解 差分相干解调系统的误码率为

$$P_e=\frac{1}{2}e^{-r}$$

由题意可知:

$$P_e=\frac{1}{2}e^{-r}\leqslant10^{-4}$$

信噪比可得:

$$r=\frac{a^2}{2\sigma_n^2}\geqslant\ln5000=8.52$$

接收的信号的功率为

$$P_s=\frac{a^2}{2}\geqslant8.52\sigma_n^2=1.7\times10^{-5}\ \text{W}$$

因此,接收的信号的功率必须大于1.7×10^{-5} W。

6.6 二进制数字调制系统的性能比较

前面对各种二进制数字通信系统的抗噪声性能进行了详细的分析,现将各种系统的性能示于表6.1中。

表 6.1 二进制数字调制系统的误码率

调制方式	解调方式	误码率(信噪比大于1)
2ASK	相干	$P_e=\frac{1}{\sqrt{\pi r}}e^{-r/4}$
	非相干	$P_e=\frac{1}{2}e^{-r/4}$
2FSK	相干	$P_e=\frac{1}{\sqrt{2\pi r}}e^{-r/2}$
	非相干	$P_e=\frac{1}{2}e^{-r/2}$
2PSK	相干	$P_e\approx\frac{1}{2\sqrt{\pi r}}e^{-r}$
2DPSK	差分相干	$P_e=\frac{1}{2}e^{-r}$

需要指出的是,应用这些公式需要注意的一般条件是:信道噪声为高斯白噪声,没有考虑码间串扰的影响,而且采用瞬时采样判决。表格中$r=a^2/2\delta_n^2$,为接收机解调器的输入信噪比。

误码率 P_e 与信噪比 r 的关系曲线如图 6.27 所示。

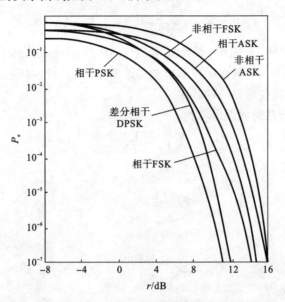

图 6.27　误码率 P_e 与信噪比 r 的关系曲线

根据上几节的分析,当码元传输速率及高斯白噪声环境相同时,对以上的几种二进制调制的性能作简单的比较。

(1) 有效性。

有效性可用带宽表示,也可用频带利用率表示。

带宽:2PSK、2DPSK、2ASK 系统的带宽都相等,大小都为

$$B_{2PSK} = 2B_s$$

式中:B_s 为基带信号 $s(t)$ 的带宽,$B_s = f_s$。码元速率 $R_B = \dfrac{1}{T_s} = f_s$,即信号的带宽等于数字基带信号码元速率的 2 倍。

2FSK 系统的带宽为

$$B_{2FSK} = |f_2 - f_1| + 2B_s$$

式中:B_s 为基带信号 $s(t)$ 的带宽,$B_s = f_s$。

码元速率 $R_B = \dfrac{1}{T_s} = f_s$,即 2FSK 信号的带宽等于两路载波频率 f_1 和 f_2 的频差绝对值加上数字基带信号码元速率的 2 倍。

由以上分析可知,2FSK 系统的带宽最宽,码元速率相同,因此 2FSK 系统的频带利用率最低。2PSK、2DPSK、2ASK 系统的频带利用率相同。

(2) 可靠性。

系统的误码率只与解调器的输入信噪比 r 有关。r 增大,系统的误码率下降。对于同一种调制方式而言,相干解调的误码率小于非相干解调的误码率。但随着 r 的不断增大,相干解调的误码率与非相干解调的误码率的差别将不断减小。

在误码率相同的情况下,相干解调的 2PSK 系统要求的 r 最小,其次是 2FSK。2ASK 要求的 r 最大。解调器的输入信噪比 r 一定时,2PSK、2DPSK、2FSK 系统的抗干扰能力优于

2ASK 系统。

2FSK 系统中,抽样判决器在采样脉冲到来的时候分别对两路包络的样值进行判决,判决的准则是哪路信号对应的样值大,则对应该路频率所对应的数字基带信号。因此,2FSK 系统对信道特性的变化不敏感。2PSK、2DPSK 系统中,当 0 码和 1 码等概率时,判决器的最佳判决门限为零,与接收器的输入信号的幅度值无关,因此,判决器永远可以保持最佳判决门限的正确性。而对于 2ASK 系统,由于判决器的最佳判决门限与接收器的输入信号的幅度值有关,因此对信道特性的变化很敏感。输入信号的幅度变化也会导致最佳判决门限发生改变。这时判决器不容易保持最佳判决门限的正确性,误码率将会增大。如果从对信道特性变化的敏感程度上来看,2ASK 系统的可靠性最差。

虽然对于同一种调制方式而言,相干解调的误码率小于非相干解调的误码率,但相干解调要求收发严格同步,因而设备复杂。除了在高质量的传输系统中采用相干解调外,一般的系统均采用非相干解调。2PSK 系统的抗噪声性能最好,但由于其会出现反向工作现象,因此在实际中采用比较少,多采用 2DPSK 系统。

6.7　多进制数字调制系统

二进制数字调制系统是数字通信系统最基本的调制系统,具有较好的抗干扰能力。由于二进制数字调制系统频带利用率较低,使其在实际应用中受到一些限制。在信道频带受限时,为了提高频带利用率,通常采用多进制数字调制系统。其代价是增加信号功率和实现上的复杂性。在信息传输速率不变的情况下,通过增加进制 M,可以降低码元传输速率,从而减小信号带宽,节约频带资源,提高系统频带利用率。多进制数字调制,就是利用多进制数字基带信号去调制高频载波的某个参量,如幅度、频率或相位的过程。

根据被调参量的不同,多进制数字调制有多进制幅移键控(M-ary amplitude shift keying,MASK)、多进制频移键控(M-ary frequency shift keying,MFSK)和多进制相移键控(M-ary phase shift keying,MPSK)三种基本调制方式。与二进制调制方式相比,多进制调制方式的特点是:

(1)在相同的码元速度下,多进制数字调制系统的信息传输速率高于二进制数字调制系统。

(2)在相同的信息码元速度下,多进制数字调制系统的码元传输速率低于二进制数字调制系统。

(3)采用多进制数字调制系统的缺点是设备复杂,判决电平增多,误码率高于二进制数字调制系统。

6.7.1　多进制幅移键控(MASK)

多进制幅移键控(MASK)又称为多电平调制,这种方式的原理是在 2ASK 方式上的推广。

假设以四进制为例进行讨论,四进制信号有四种状态,但 2 位二进制码也有四种状态,我们这里将 2 位二进制码称为双比特码元,即在 4ASK 中,每个双比特码元对应一种幅度的载波。例如：

    传"00"时，发 0 电平；

    传"01"时，发幅度为 1 的载波；

    传"10"时，发幅度为 2 的载波；

    传"11"时，发幅度为 3 的载波。

    4ASK 的波形如 6.28 所示，图(a)所示的为四进制基带信号，图(b)所示的为 4ASK 已调信号波形。

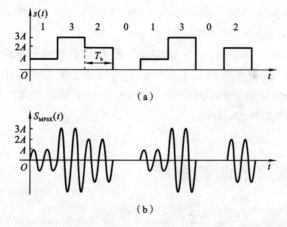

图 6.28　4ASK 的波形图

不难看出，图 6.28 中的波形可以等效为图 6.29 中各个波形的叠加。

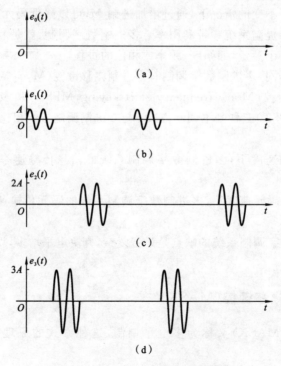

图 6.29　4ASK 的波形图分解图

推广到 M 电平调制信号的时间表达式为

$$e_{\text{MASK}}(t) = \sum_n a_n g(t - nT_{\text{B}})\cos\omega_c t = s(t)\cos\omega_c t \qquad (6.30)$$

式中:

$$a_n = \begin{cases} 0, & \text{概率为 } P_1 \\ 1, & \text{概率为 } P_2 \\ \vdots \\ M-1, & \text{概率为 } P_M \end{cases}, \quad P_1 + P_2 + \cdots + P_M = 1 \qquad (6.31)$$

由于基带信号的频谱宽度与其脉冲宽度有关,而与其脉冲幅度无关,MASK 信号可以分解成若干个 2ASK 信号。MASK 信号的功率谱分析等同于 2ASK 信号,其带宽仍为基带信号的 2 倍,即

$$B_{\text{MASK}} = 2B_s \qquad (6.32)$$

式中:B_s 为基带信号 $s(t)$ 的带宽,$B_s = f_s$。

码元速率 $R_B = \dfrac{1}{T_s} = f_s$,即信号的带宽等于数字基带信号码元速率的 2 倍。

MASK 系统的码元频带利用率为

$$\eta = R_B/B_s = \frac{1}{2} \text{ Baud/Hz}$$

MASK 系统的信息频带利用率为

$$\eta = R_b/B_s = \frac{R_B}{B_s}\log_2 M \text{ bit/Hz}$$

MASK 系统抗噪声性能的分析方法与 2ASK 系统的相同,有相干解调和非相干解调两种方法。设 r 为解调器的输入信噪比。若 M 个幅度出现的概率相等,则采用相干解调和最佳判决门限时,系统的误码率为

$$P_{\text{eMASK}} = \left(1 - \frac{1}{M}\right)\text{erfc}\left(\frac{3}{M^2-1}\right)^{1/2} \qquad (6.33)$$

式中:M 为进制数或者幅度数;r 为解调器的输入信噪比。

误码率相同的情况下,进制数越大,需要的有效信噪比 r 就越大。MASK 系统的信息频带利用率是 2ASK 系统的 $\log_2 M$ 倍。所以 MASK 系统在高传输通信系统中得到应用。但由于 MASK 系统的抗衰落能力较差,只适合在恒参信道中使用。

【例 6.6】 在 4ASK 系统中,信息速率为 2000 b/s,则 4ASK 信号的带宽为多少?频带利用率为多少?

解 由题意可知:

$$R_b = 2000 \text{ b/s}$$

则码元速度为

$$R_B = R_b/\log_2 M = 2000/\log_2 4 \text{ Baud} = 1000 \text{ Baud}$$

系统带宽为

$$B = 2R_B = 2000 \text{ Hz}$$

频带利用率为

$$\eta = R_b/B_s = 2000/2000 \text{ bit/Hz} = 1 \text{ bit/Hz}$$

6.7.2 多进制频移键控(MFSK)

在 MFSK 系统中,用 M 进制数字基带信号控制载波的频率。用多个不同频率的正弦振荡信号分别代表不同的数字信息。MFSK 系统是 2FSK 系统的直接推广。以 4FSK 为例来进行说明,即在 4FSK 中,每个双比特码元对应一种频率的载波。例如:

传"00"时,发频率为 f_1 的载波;

传"01"时,发频率为 f_2 的载波;

传"10"时,发频率为 f_3 的载波;

传"11"时,发频率为 f_4 的载波。

4FSK 的波形如 6.30 所示。

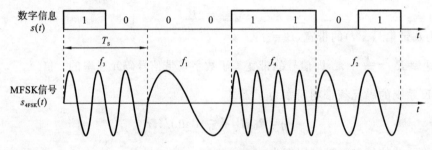

图 6.30　4FSK 的波形图

MFSK 信号可以分解成 M 个振幅相同、频率不同、时间上互不重叠的 2ASK 信号。其功率谱可以看成是 M 个中心频率分别为 f_1,f_2,f_3,$\cdots$,f_M 的 2ASK 信号的功率谱之和。MFSK 信号的功率谱示意图如图 6.31 所示。

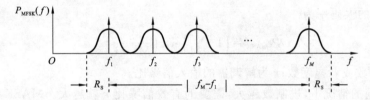

图 6.31　MFSK 功率谱示意图

MFSK 信号的带宽为

$$B_{\mathrm{MFSK}} = 2B_{\mathrm{s}} + |f_M - f_1|$$

(6.34)

式中:B_{s} 为基带信号 $s(t)$ 的带宽,$B_{\mathrm{s}} = f_{\mathrm{s}}$。

码元速率 $R_B = \dfrac{1}{T_{\mathrm{s}}} = f_{\mathrm{s}}$,即信号的带宽等于数字基带信号码元速率的 2 倍。为了使功率主瓣不重叠,两相邻载波之间的频率差值最少为 $2B_{\mathrm{s}}$。随着进制数 M 的增加,MFSK 信号的频带利用率下降。

MFSK 系统抗噪声性能的分析方法与 2FSK 系统的相同,有相干解调和非相干解调两种方法。与 2FSK 系统不同的是,MFSK 系统有 M 条支路。通常 MFSK 系统采用包络解调,其系统的误码率上界为

$$P_{\mathrm{eMFSK}} \leqslant \frac{M-1}{2} \exp\left(\frac{-E_{\mathrm{s}}}{2n_0}\right)$$

(6.35)

式中：M 为进制数或者幅度数；$E_s=\dfrac{1}{2}A^2T_s$ 为 MFSK 信号的符号能量，A 是接收信号的振幅。

MFSK 系统的缺点是信号的带宽大，频带利用率低；优点是抗衰落性能高于 2FSK 系统。

【例 6.7】 在 4FSK 系统中，信息速率为 1000 b/s，载波频率分别为 2000 Hz、3000 Hz、4000 Hz、5000 Hz。此时 4FSK 信号的带宽为多少？频带利用率为多少？

解 由题意可知：
$$R_b=1000\text{ b/s}$$
则码元速度为
$$R_B=R_b/\log_2 M=1000/\log_2 4\text{ Baud}=500\text{ Baud}$$
系统带宽为
$$B_{MFSK}=2B_s+|f_M-f_1|=(2\times500+|5000-2000|)\text{ Hz}=4000\text{ Hz}$$
频带利用率为
$$\eta=R_b/B_s=1000/4000\text{ bit/Hz}=0.25\text{ bit/Hz}$$

6.7.3 多进制相移键控

多进制相移键控（MPSK 和 MDPSK）又称为多相制，是二进制相移键控方式的推广，也是利用载波的多种不同的相位来代表数字信息的调制方式。它和二进制相移键控方式一样，也可以分为绝对相移和相对相移。通常，相位数用 $M=2^k$ 来计算，分别与 k 位二进制码元的不同组合相对应。

以 4PSK 为例来进行说明，即在 4PSK 中，每个双比特码元对应一种频率的载波。例如：

传"00"时，发相位为 0 的载波；

传"01"时，发相位为 $\dfrac{\pi}{2}$ 的载波；

传"10"时，发相位为 π 的载波；

传"11"时，发相位为 $\dfrac{3\pi}{2}$ 的载波。

4PSK 的波形如图 6.32 所示。

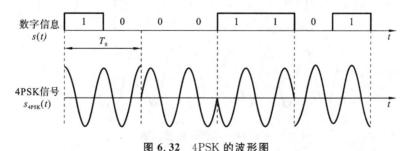

图 6.32 4PSK 的波形图

在 2PSK 中，有两种不同的初始相位；在 4PSK 中，有四种不同的初始相位；在 MPSK 中，有 M 种不同的初始相位。

由于基带信号的频谱宽度与其脉冲宽度有关，而与其脉冲相位无关，故 MPSK 信号的功率谱分析等同于 2PSK 信号，如图 6.33 所示。其功率谱形状也与 2PSK 信号相同，其带宽仍为基带信号的 2 倍，即

$$B_{MPSK} = 2B_s \tag{6.36}$$

式中：B_s 为基带信号 $s(t)$ 的带宽，$B_s = f_s$。

码元速率 $R_B = \dfrac{1}{T_s} = f_s$，即信号的带宽等于数字基带信号码元速率的 2 倍。

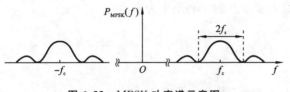

图 6.33　MPSK 功率谱示意图

MPSK 系统的码元频带利用率为

$$\eta = R_B / B_s = \frac{1}{2} \text{ Baud/Hz}$$

MPSK 系统的信息频带利用率为

$$\eta = R_b / B_s = \frac{R_B}{B_s} \log_2 M \text{ bit/Hz}$$

MPSK 系统抗噪声性能的分析方法与 2PSK 系统的相同。设 r 为解调器的输入信噪比。若 M 个相位出现的概率相等，则采用相干解调和最佳判决门限时，系统的误码率为

$$P_{eMDPSK} = e^{-r \sin^2(\pi/M)} \tag{6.37}$$

式中：M 为进制数或者幅度数；r 为解调器的输入信噪比，且 $r \gg 1$。

误码率相同的情况下，进制数越大，需要的有效信噪比 r 就越大。进制数增加，误码性能下降，这是因为，随着进制增大，设置的相位位数在增加，使相位间隔减小，因而受到噪声影响时，更容易误判。

MDASK 系统中，M 为进制数，用 M 进制数字基带信号控制相邻两个码元内已调载波的相位差值。由于 M 进制数字基带信号有 M 种不同的码元，因此相位差就有 M 种。

以 4DPSK 为例来进行说明，即在 4DPSK 中，前后载波之间的相位差值有 4 种。例如：

传"00"时，前后载波相位差为 0；

传"01"时，前后载波相位差为 $\dfrac{\pi}{2}$；

传"10"时，前后载波相位差为 π；

传"11"时，前后载波相位差为 $\dfrac{3\pi}{2}$。

4DPSK 的波形如图 6.34 所示。

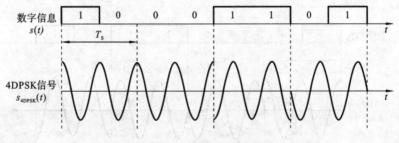

图 6.34　4DPSK 的波形图

MDPSK 信号的功率谱分析等同于 MPSK 信号。其功率谱形状也与 MPSK 信号的相同，其带宽仍为基带信号的 2 倍，即

$$B_{MDPSK} = 2B_s \tag{6.38}$$

式中：B_s 为基带信号 $s(t)$ 的带宽，$B_s = f_s$。

码元速率 $R_B = \dfrac{1}{T_s} = f_s$，即信号的带宽等于数字基带信号码元速率的 2 倍。

MDPSK 系统的码元频带利用率为

$$\eta = R_B/B_s = \frac{1}{2} \text{ Baud/Hz}$$

MDPSK 系统的信息频带利用率为

$$\eta = R_b/B_s = \frac{R_B}{B_s}\log_2 M \text{ b/Hz}$$

MDPSK 系统抗噪声性能的分析方法与 2PSK 系统的相同。设 r 为解调器的输入信噪比。若 M 个相位出现的概率相等，则采用相干解调和最佳判决门限时，采用差分相干解调时，系统的误码率为

$$P_{eMPSK} = e^{-2r\sin^2(\pi/2M)} \tag{6.39}$$

式中：M 为进制数或者幅度数；r 为解调器的输入信噪比，且 $r \gg 1$。

误码率相同的情况下，进制数越大，需要的有效信噪比 r 就越大。进制数增加，误码性能下降，这是因为，随着进制增大，设置的相位位数在增加，使相位间隔减小，因而受到噪声影响时，更容易误判。

经过上述分析可知，当 M 相同时，相干解调的 MPSK 系统的抗噪声性能优于差分相干解调时的 MDPSK 系统。在相同的噪声环境及相同误码率的情况下，MDPSK 差分相干解调时的信号功率比 MPSK 相干解调时所需的信号的功率要大 2～3 倍。但 MDPSK 差分相干解调无需提取相干载波，所以设备简单。但是由于 MDPSK 系统无反向工作问题，接收端设备没有 MPSK 系统复杂，因此实际上，MDPSK 方式比 MPSK 方式用得更广泛。

【**例 6.8**】 某四进制调相系统，其信息速率为 4800 b/s，在信号传输过程中受到双边功率谱密度为 10^{-8} W/Hz 的加性高斯白噪声的干扰，若到达解调器输入端的信号幅度为 50 mV，试求 4DPSK 差分相干解调的误比特率。

解 由题意可知：

$$R_b = 4800 \text{ b/s}$$

则码元速度为

$$R_B = R_b/\log_2 M = 4800/\log_2 4 \text{ Baud} = 2400 \text{ Baud}$$

系统带宽为

$$B_{MDPSK} = 2B_s = 4800 \text{ Hz}$$

采用差分相干解调时，系统的误码率为

$$P_{eMDPSK} = e^{-2r\sin^2(\pi/2M)}$$

r 为解调器的输入信噪比：

$$r = a^2/2\delta_n^2 = \frac{(50 \times 10^{-3})^2}{2 \times 2400 \times 2 \times 10^{-8}} \approx 26.04$$

代入公式，可计算得

$$P_{eMDPSK} \approx 5.0 \times 10^{-5}$$

习　题

1. 采用包络检波法时，2ASK 系统的最佳判决门限是多少？与什么有关？

2. 2FSK 信号的产生方法如何？解调方法如何？

3. 2PSK 为什么会出现"倒 π"现象？它对系统有什么影响？

4. 为什么 ASK 信号可以采用包络检波器解调？而 PSK 信号则只能采用相干解调？

5. 试画出用调相法产生 QPSK 信号的方框图。

6. 数字调制和模拟调制有哪些异同？

7. 为什么数字调制要采用载波传输？

8. 2PSK、2FSK、2ASK 在波形、频带利用率以及抗噪声性能上有何区别？

9. 2FSK 属于线性调制还是非线性调制？

10. 什么是绝对移相？什么是相对移相？它们有何区别？

11. 简述多进制数字调制的特点。

12. 已知在 2DPSK 系统中，载波频率为 2400 Hz，码元速度为 1200 Baud。已知相对码元序列为 11000111。

(1) 试画出 2DPSK 信号波形。

(2) 若采用差分相干解调，试画出解调系统的各点波形。

13. 已知在 2ASK 系统中，载波频率为 2000 Hz，码元速度为 1000 Baud。设传送的数字码元为 011011。

(1) 试画出 2ASK 信号波形。

(2) 求 2ASK 信号带宽。

14. 已知在 2FSK 系统中，两路载波频率分别为 4000 Hz、2000 Hz，码元速度为 1000 Baud。设传送的数字码元为 101011。

(1) 试画出 2FSK 信号波形。

(2) 求 2FSK 信号带宽。

(3) 当 0 码和 1 码等概率时，画出功率谱草图。

15. 已知发送载波幅度为 10 V，在 4000 Hz 带宽的电话信道中分别利用 2PSK、2ASK 两种系统进行传输，信道的衰减为 1000 dB/km，单边功率谱密度为 10^{-8} W/Hz。若采用相干解调，求当误码率为 10^{-5} 时，各种传输方式分别可以传输信号多少千米？

16. 已知数字发送序列为 111110010101。双比特码元与载波相位如图 6.32 所示，试画出 4PSK 信号的波形图。

17. 采用 8PSK 调制方式，以传输速率为 4800 b/s 来传输数据，求 8PSK 信号的带宽。

答　案

1~12. 略。

13. (1) 略；　(2) 2000 Hz。

14. (1) 略；　(2) 4000 Hz；(3) 略。

15. 2PSK 信号传输距离为 51.4 km；2ASK 信号传输距离为 45.4 km。

16. 略。

17. 3200 Hz。

7 同步技术

7.1 引言

　　同步是指收发双方在时间上步调一致,故又称定时,是信息能被正确接收的前提。数字通信系统按同步的功能来分,可以分为载波同步、码元同步、群同步和网同步。在通信系统中,同步技术的好坏将直接影响通信质量的好坏,甚至会影响通信系统能否正常工作。正因如此,为了保证信息的可靠传输,通信系统必须进行同步控制。

　　1.载波同步

　　载波同步是指在相干解调时,接收端需要获得一个与发送端同频同相的相干载波。这个载波的获取称为载波提取或载波同步。

　　2.位同步

　　位同步又称码元同步。为了得到抽样周期,保证相位一致,在数字通信系统中,任何消息都是通过一连串码元序列传送的,所以接收时需要知道每个码元的起止时刻,以便在恰当的时刻进行取样判决。

　　3.群同步

　　群同步有时也称帧同步,包含字同步、句同步、分路同步。在数字通信中,信息流是用若干码元组成一个"字",又用若干个"字"组成"句"。在接收这些数字信息时,必须知道这些"字""句"的起止时刻,否则接收端无法正确恢复信息。

　　4.网同步

　　在获得了以上讨论的载波同步、位同步、群同步之后,两点间的数字通信就可以有序、准确、可靠地进行了。然而,随着数字通信的发展,尤其是计算机通信的发展,多个用户之间的通信和数据交换,构成了数字通信网。显然,为了保证通信网内各用户之间可靠地通信和数据交换,全网必须有一个统一的时间标准时钟,这就是网同步的问题。

　　不论是哪一种同步,都是解决信号传输的时间基准问题,从而使发送端、接收端同步工作。同步信号所包含的是一种时间信息。这种信息可以用专门同步信号来传输,也可以从所传输的信号中直接提取。前一种方法称为外同步法,后一种方法称为自同步法。由发送端发送专门的同步信息(常称为导频),接收端把这个导频提取出来作为同步信号的方法,称为外同步法。发送端不发送专门的同步信息,接收端设法从收到的信号中提取同步信息的方法,称为自同步法。由于传送同步信息需要占用一定的信道频带和发送功率,故实际应用中,更倾向于自同步法。自同步法是人们最希望的同步方法,因为可以把全部功率和带宽分配给信号传输。但自同步法不容易实现时,如 SSB、VSB 的载波同步以及群同步,需要采用外同步法。在载波同步和位同步中,两种方法都采用,但自同步法正得到越来越广泛的应用。

5. 同步的作用

同步是进行信息传输的必要和前提。同步性能的好坏直接影响着通信系统的性能。如果出现同步误差或失去同步就会导致通信系统性能下降或通信中断。同步系统应具有比信息传输系统更高的可靠性和更好的质量指标,如同步误差小、相位抖动小及同步建立时间短、保持时间长等。

本章将主要讨论载波同步、位同步、群同步的基本原理、实现方法及性能指标。

7.2 载波同步

载波同步是相干解调的基础,不论是模拟通信还是数字通信,只要采用相干解调都需要载波同步。载波同步的目的是在接收设备中产生一个和接收信号的载波同频、同相的本地振荡,用于相干解调。

载波同步又称载波恢复(carrier restoration),即在接收设备中产生一个和接收信号的载波同频、同相的本地振荡(local oscillation),供给解调器作相干解调用。当接收信号中包含离散的载频分量时,在接收端需要从信号中分离出信号载波作为本地相干载波;这样分离出的本地相干载波频率必然与接收信号载波频率相同,但为了使相位也相同,可能需要对分离出的载波相位作适当调整。若接收信号中没有离散载波分量,如在 2PSK 信号中(“1”和“0”以等概率出现时),则接收端需要用较复杂的方法从信号中提取载波。因此,在这些接收设备中需要有载波同步电路,以提供相干解调所需的相干载波;相干载波必须与接收信号的载波严格地同频同相。实现载波同步方法有两种:插入导频法(外同步法)和直接提取法(自同步法)。

7.2.1 插入导频法

插入导频法用在已调制的数字信号中没有载波分量以及虽然有载波分量,但难以分出载波的情况,如抑制载波的双边带调制(DSB)信号。插入导频法的原理是,在发送端,将一个称为导频的正弦波插入有用信号中一并发送;在接收端,利用窄带滤波器滤出导频,对导频作适当变化即可获取同步载波。

采用插入导频法应注意:

(1) 导频的频率应当是与载频有关的或者就是载频的频率;

(2) 在已调信号频谱中的零点插入导频,且要求其附近的信号频谱分量尽量小;

(3) 插入的导频应与载波正交,避免导频影响信号的解调。

对于模拟调制中的 DSB 或 SSB 信号,在载频 f_c 附近信号频谱为 0;但对于数字调制中的 2PSK 或 2DPSK 信号,在 f_c 附近的频谱不但有,而且比较大,因此对这样的信号,在调制以前先对基带信号进行相关编码,这样经过双边带调制以后可以在 f_c 处插入频率为 f_c 的导频。但应注意,在图 7.1 中插入的导频并不是加于调制器的那个载波,而是将该载波 90° 相移后的所谓“正交载波”。

这样,就可组成插入导频的发送端方框图(见图 7.2)。

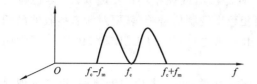

图 7.1 抑制载波双边带信号的导频插入

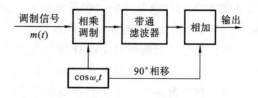

图 7.2 插入导频法发送端方框图

设调制信号 $m(t)$ 中无直流分量,被调载波为 $a\sin\omega_c t$,将它经 90°移相形成插入导频(正交载波)$-a\cos\omega_c t$,其中 a 是插入导频的振幅。于是输出信号为

$$u_o(t) = am(t)\sin\omega_c t - a\cos\omega_c t \tag{7.1}$$

设收到的信号就是发送端输出 $u_o(t)$,接收端用一个中心频率为 f_c 的窄带滤波器提取导频 $-a\cos\omega_c t$,再将它经 90°相移后得到与调制载波同频、同相的相干载波 $\sin\omega_c t$,接收端的解调方框图如图 7.3 所示。

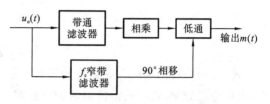

图 7.3 插入导频法接收方框图

解调输出为

$v(t) = u_o(t) \cdot \sin\omega_c t$

$$= am(t)\sin^2\omega_c t - a\cos\omega_c t\sin\omega_c t = \frac{a}{2}m(t) - \frac{a}{2}m(t)\cos2\omega_c t - \frac{a}{2}\sin2\omega_c t \tag{7.2}$$

经过低通滤除高频部分后,就可恢复调制信号 $m(t)$。

如果发送端加入的导频不是正交载波,而是调制载波,则接收端 $v(t)$ 中还有一个不需要的直流成分,这个直流成分会通过低通滤波器对数字信号产生影响,这就是发送端正交插入导频的原因。

插入导频法的优点是接收端提取同步载波的电路简单,并且没有相位模糊的问题。但是发送端导频信号必然要占用部分的发射功率,因此降低了传输的信噪比,使系统的抗干扰能力减弱。

时域插入导频法在时分多址通信卫星中应用较多。时域插入导频方法是按照一定的时间顺序,在指定的时间内发送载波标准,即把载波标准插入每帧的数字序列中,如图 7.4 所示。图中 $t_2 \sim t_3$ 就是插入导频的时间,这种插入的结果只是在每帧的一小段时间内才出现载波标准,在接收端应用控制信号将载波标准取出。时域插入导频法常用锁相环来提取同步载波。

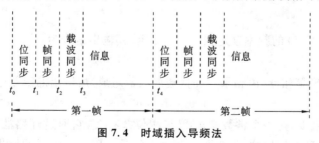

图 7.4 时域插入导频法

7.2.2 直接提取法

直接提取法就是直接从接收信号中提取载波的方法。直接提取载波的方法可分为两类:

① 如果接收的已调信号中包含载波分量,则可用带通滤波器或锁相环直接提取;② 若已调信号中没有载波分量,如抑制载波的双边带信号及两相数字调制信号等,就要对所有接收的已调信号进行非线性变换或采用特殊的锁相环来提取相干载波。下面以 DSB 和 2PSK 信号为例来介绍两种直接方法提取同步载波的情况。

第一种情况是用窄带滤波器提取导频后,不必经过相移,就可进行相干解调;第二种情况有几种提取载波的方法。

1. 平方变换法和平方环法

设调制信号 $m(t)$ 无直流分量,则抑制载波的双边带信号为

$$s_m(t) = m(t)\cos\omega_c t \tag{7.3}$$

接收端将该信号经过非线性变换——平方律器件后得到

$$e(t) = [m(t)\cos\omega_c t]^2 = \frac{1}{2}m^2(t) + \frac{1}{2}m^2(t)\cos 2\omega_c t \tag{7.4}$$

式(7.4)的第二项包含有载波的倍频 $2\omega_c$ 的分量。若用一窄带滤波器将 $2\omega_c$ 频率分量滤出,再进行二分频,就可获得所需的相干载波。

若 $m(t) = \pm 1$,则信号就成为二进制相移键控信号(2PSK),这时

$$e(t) = [m(t)\cos\omega_c t]^2 = \frac{1}{2} + \frac{1}{2}\cos 2\omega_c t \tag{7.5}$$

因而,同样可以通过图 7.5 所示的方法提取载波。

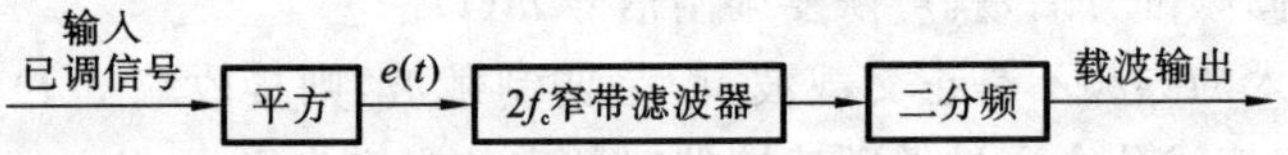

图 7.5　平方变换法提取载波

伴随信号一起进入接收机的还有加性高斯白噪声,为了改善平方变换法的性能,使恢复的相干载波更为纯净,窄带滤波器常用锁相环代替,构成平方环。由于锁相环具有良好的跟踪、窄带滤波和记忆功能,平方环法比一般的平方变换法具有更好的性能。

2PSK 信号平方后得到

$$e(t) = \left[\sum_n a_n g(t - nT_s)\right]^2 \cos^2\omega_c t \tag{7.6}$$

当 $g(t)$ 为矩形脉冲时,有

$$e(t) = \frac{1}{2} + \frac{1}{2}\cos 2\omega_c t \tag{7.7}$$

假设环路锁定,VCO 的频率锁定在 $2\omega_c$ 频率上,其输出信号为

$$v_o(t) = A\sin(2\omega_c t + 2\theta) \tag{7.8}$$

式中:θ 为相位差。经鉴相器(由相乘器和低通滤波器组成)后输出的误差电压为

$$v_d = K_d\sin 2\theta \tag{7.9}$$

式中:K_d 为鉴相灵敏度,是一个常数。v_d 仅与相位差有关,它通过环路滤波器去控制压控振荡器的相位和频率,环路锁定之后,θ 是一个很小的量。因此,VCO 的输出经过二分频后,就是所需的相干载波。

应当注意,载波提取的方框图(见图 7.6)中用了一个二分频电路,由于分频起点的不确定性,使其输出的载波相对于接收信号相位有 $180°$ 的相位模糊。鉴相器是个相位比较装置。它

把输入信号和压控振荡器的输出信号的相位进行比较,产生对应于两个信号相位差的误差电压。环路滤波器的作用是滤除误差电压中的高频成分和噪声,以保证环路所要求的性能,增加系统的稳定性。压控振荡器受控制电压的控制,使压控振荡器的频率向输入信号的频率靠拢,直至消除频差而锁定。

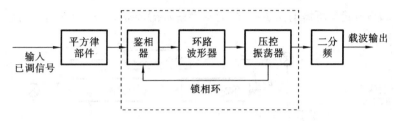

图 7.6   平方环法提取载波

相位模糊对模拟通信关系不大,因为人耳听不出相位的变化。但它有可能使 2PSK 相干解调后出现反向工作的问题,克服相位模糊度对相干解调影响的最常用而又有效的方法是采用相对移相(2DPSK)。

2. 同相正交环法

同相正交环法又称为科斯塔斯(Costas)环法。压控振荡器(VCO)提供两路互为正交的载波,与输入接收信号分别在同相和正交两个鉴相器中进行鉴相,经过低通滤波之后的输出均含调制信号,两者相乘后可以消除调制信号的影响,经环路滤波器得到仅与相位差有关的控制电压,从而准确地对压控振荡器进行调整。

在此环路中,VCO 提供两路互为正交的载波,与输入接收信号分别在同相和正交两个鉴相器中进行鉴相,经低通滤波之后的输出均含调制信号,两者相乘后可以消除调制信号的影响,经环路滤波器得到仅与相位差有关的控制压控,从而准确地对压控振荡器进行调整。

设输入的抑制载波双边带信号为 $m(t)\cos\omega_c t$,并假定环路锁定,有

$$v_1 = \cos(\omega_c t + \theta) \tag{7.10}$$
$$v_2 = \sin(\omega_c t + \theta) \tag{7.11}$$

式(7.10)和式(7.11)中,θ 为 VCO 输出信号与输入已调信号载波之间的相位误差。

$$v_3 = m(t)\cos\omega_c t \cdot \cos(\omega_c t + \theta) = \frac{1}{2}m(t)[\cos\theta + \cos(2\omega_c t + \theta)] \tag{7.12}$$

$$v_4 = m(t)\cos\omega_c t \cdot \sin(\omega_c t + \theta) = \frac{1}{2}m(t)[\sin\theta + \sin(2\omega_c t + \theta)] \tag{7.13}$$

经低通滤波后分别为

$$v_5 = \frac{1}{2}m(t)\cos\theta \tag{7.14}$$

$$v_6 = \frac{1}{2}m(t)\sin\theta \tag{7.15}$$

低通滤波器应该允许 $m(t)$ 通过。v_5、v_6 相乘产生误差信号

$$v_7 = \frac{1}{2}m(t)^2 \sin2\theta \tag{7.16}$$

$m^2(t)$ 可以分解为直流和交流分量,由于锁相环作为载波提取环时,其环路滤波器的带宽设计得很窄,只有 $m(t)$ 中的直流分量可以通过,因此 v_d 可写成

$$v_d = K_d \sin 2\theta \tag{7.17}$$

如果把图 7.7 中除环路滤波器(LF)和压控振荡器(VCO)以外的部分看成一个等效鉴相器(PD),其输出 v_d 正是我们所需要的误差电压,它通过环路滤波器滤波后去控制 VCO 的相位和频率,最终使稳态相位误差减小到很小的数值,而没有剩余频差(即频率与 ω_c 同频)。此时 VCO 的输出 $v_1 = \cos(\omega_c t + \theta)$ 就是所需的同步载波,而 $v_5 = \frac{1}{2}m(t)\cos\theta \approx \frac{1}{2}m(t)$ 就是解调输出。

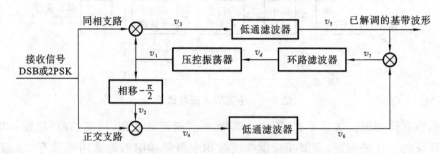

图 7.7 Costas 环法提取载波

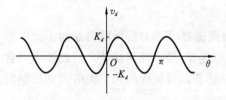

图 7.8 平方环和科斯塔斯环的鉴相特性

Costas 环与平方环具有相同的鉴相特性(v_d-θ 曲线),如图 7.8 所示。由图 7.8 可知,$\theta = n\pi$(n 为任意整数)为 PLL 的稳定平衡点。锁相环工作时可能锁定在任何一个稳定平衡点上,考虑到在周期 π 内 θ 取值可能为 0 或 π,这意味着恢复出的载波可能与理想载波同相,也可能反相。这种相位关系的不确定性,称为 $0, \pi$ 的相位模糊度。

Costas 环与平方环相比,虽然在电路上要复杂一些,但它的工作频率即为载波频率,而平方环的工作频率是载波频率的 2 倍,显然当载波频率很高时,工作频率较低的 Costas 环易于实现;其次,当环路正常锁定后,Costas 环可直接获得解调输出,而平方环则没有这种功能。

顺便指出,上述方法可以推广到多进制调制。例如,当数字信息通过载波的 M 相调制发送时,可将上述的方法推广,采用 M 次方变换法、M 方环法或 M 相 Costas 环法提取同步信息。当这些方法具有 M 重相位模糊度,即所提取的载波具有 $360°/M$ 的相位模糊。解决的方法是采用 MDPSK 调制。

7.3 位同步

在数字通信系统中,发端按照确定的时间顺序,逐个传输数码脉冲序列中的每个码元。接收端必须有准确的抽样判决时刻才能正确判决所发送的码元。接收端必须提供一个确定抽样判决时刻的定时脉冲序列。这个定时脉冲序列的重复频率必须与发送的数码脉冲序列一致,同时在最佳判决时刻对接收码元进行抽样判决。可以把在接收端产生这样的定时脉冲序列称为码元同步,或称为位同步。

位同步又称为码元同步。在数字通信系统中,任何消息都是通过一连串码元序列传送的,所以接收时需要知道每个码元的起止时刻,以便在恰当的时刻进行取样判决,提取这种定时脉

冲序列的过程称为位同步。与载波同步类似,位同步的方法也有两种:插入导频法(外同步法)
和直接提取法(自同步法)。

7.3.1 插入导频法

插入导频法是在基带信号频谱的零点处插入所需的位定时导频信号。插入导频法实现位
同步的方法与载波同步的方法比较类似。例如,随机的二进制双极性不归零码基带信号序列,
本身不包含位同步信号,如图 7.9 所示。其中,图 7.9(a)所示的为常见的双极性不归零基带
信号的功率谱,插入导频的位置是 $1/T_b$;图 7.9(b)所示的为经某种相关变换的基带信号,其
频谱的第一个零点为 $\dfrac{1}{2T_b}$,插入导频应在 $\dfrac{1}{2T_b}$ 处。

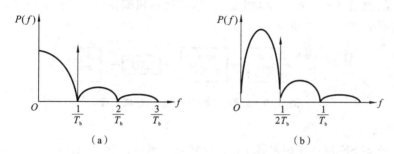

图 7.9 插入导频法频谱图

在接收端,对图 7.9(a)所示的情况,经中心频率为 $1/T_b$ 的窄带滤波器,就可从解调后的
基带信号中提取出位同步所需的信号;对图 7.9(b)所示的情况,窄带滤波器的中心频率应为
$\dfrac{1}{2T_b}$,所提取的导频需经倍频后,才得所需的位同步脉冲。

另一种导频插入的方法是包络调制法。这种方法是用位同步信号的某种波形对移相键控
或移频键控这样的恒包络数字已调信号进行附加的幅度调制,使其包络随着位同步信号波形
变化;在接收端只要进行包络检波,就可以形成位同步信号。

设移相键控的表达式为

$$s_1(t) = \cos[\omega_c t + \varphi(t)] \tag{7.18}$$

利用含有位同步信号的某种波形对 $s_1(t)$ 进行幅度调制,若这种波形为升余弦波形,则其表达
式为

$$m(t) = \frac{1}{2}(1 + \cos\Omega t) \tag{7.19}$$

式中:$\Omega = 2\pi/T$,T 为码元宽度。

幅度调制后的信号为

$$s_2(t) = \frac{1}{2}(1 + \cos\Omega t)\cos[\omega_c t + \varphi(t)] \tag{7.20}$$

接收端对 $s_2(t)$ 进行包络检波,包络检波器的输出为 $\dfrac{1}{2}(1 + \cos\Omega t)$,除去直流分量后,就可

获得位同步信号 $\dfrac{1}{2}\cos\Omega t$。

除了以上两种在频域内插入位同步导频之外,还可以在时域内插入,其原理与载波时域插

入方法类似。

7.3.2 直接提取法

直接提取法是位同步的主要实现方法,它通过接收的基带信号直接获取位同步脉冲。直接提取位同步的方法又分为滤波法和特殊锁相环法。

1. 滤波法

1) 波形变换

不归零的随机二进制序列,当 $P(0)=P(1)=1/2$ 时,都没有 $f=1/T_b,2/T_b$ 等线谱,因而不能直接滤出 $f=1/T_b$ 的位同步信号分量。但是,若对该信号进行某种变换,其谱中含有 $f=1/T_b$ 的分量,然后用窄带滤波器取出该分量,再经移相调整后就可形成位定时脉冲。这种方法的原理方框图如图 7.10 所示。

图 7.10　波形变换——滤波法形成原理

2) 包络检波

频带受限的 2PSK 信号在相邻码元相位反转点处形成幅度的"陷落"。经包络检波后得到图 7.11(b)所示的波形,它可以看成是一直流与图 7.11(c)所示的波形相减,而图 7.11(c)所示的波形是具有一定脉冲形状的归零脉冲序列,含有位同步的线谱分量,可用窄带滤波器取出。

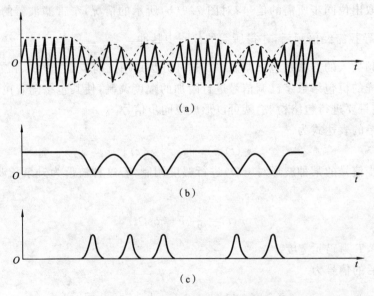

图 7.11　从 2PSK 信号中提取位同步信息

2. 锁相环法

我们把采用锁相环来提取位同步信号的方法称为锁相环法。

用于位同步的全数字锁相环的原理方框图如图 7.12 所示,它由信号钟、控制器、分频器、相位比较器等组成。其中,信号钟包括一个高稳定度的振荡器(晶体)和整形电路。若接收码

元的速率为 $f=1/T_s$,那么振荡器频率设定在 nf,经整形电路之后,输出周期性脉冲序列,其周期 $T_0=T_s/n$。

控制电路包括扣除门(常开)、附加门(常闭)和或门,它根据比相器输出的控制脉冲(超前脉冲或滞后脉冲)对信号钟输出的序列实施扣除(或添加)脉冲。

分频器是一个计数器,每当控制器输出 n 个脉冲时,它就输出一个脉冲。控制器与分频器的共同作用的结果就调整了加至相位比较器的位同步脉冲信号的相位。

相位比较器将接收脉冲序列与位同步信号进行相位比较,以判别位同步信号究竟是超前还是滞后,若超前就输出超前脉冲,若滞后就输出滞后脉冲。

在图 7.12 中,晶振产生信号经过整形电路后,成为周期性脉冲。

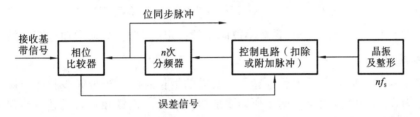

图 7.12 数字锁相环原理方框图

经过控制电路送入 n 次分频器,输出位同步脉冲;如果输出位同步脉冲与码元不同频而同相,则要根据相位比较器输出的误差,通过控制器反复调整分频器,得到位同步脉冲。分频器输出位同步脉冲超前于接收码元的相位时,通过扣除门扣除一个脉冲,将分频器输出脉冲相位推后 $1/n$ 周期;分频器输出位同步脉冲滞后于接收码元的相位时,通过添加门插入一个脉冲,将分频器输出脉冲相位提前 $1/n$ 周期;经过若干次调整后,使分频器输出的脉冲序列与接收码元序列达到同步的目的,即实现了位同步。

可见,通过相位比较器和控制电路就可以调整位同步脉冲的位置,重复进行相位的比较和脉冲的扣除或者附加,最终使位同步脉冲对准接收码元的最佳抽样时刻,即位同步脉冲与接收基带信号同相。由于位同步脉冲的相位改变是一步一步进行的,或者说是离散式进行的,故这种锁相环方法称为数字锁相环法。

需要说明的是,在图 7.12 中,相位比较器是一个关键部件。没有相位比较器的比较结果,控制电路既不会扣除脉冲也不会附加脉冲,也就意味着无法调整位同步脉冲的相位。而相位比较器是根据接收基带信号的过零点和位同步脉冲的位置来确定误差信号的,当发送很长的连 0 或者连 1 信号时,接收基带信号在很长时间内无过零点,相位比较器就无法进行比较,导致位定时脉冲在长时间内得不到调整而发生漂移甚至失步。这也是为什么要用 HDB3 码来替代 AMI 码的原因。

7.3.3 位同步系统的性能指标

位同步系统的性能指标主要有:位定时误差(精度)、同步建立时间、同步保持时间、同步带宽。下面结合数字锁相环介绍这些指标。

1. 位定时误差

位定时误差是指建立位同步后可能存在的最大误差,此误差是由位同步脉冲的跳跃式调整而引起的。由于每一步调整,位定时的位置改变了 T_s/n(n 为分频器的分频比),故最大位定时误差就等于数字锁相环调整的步长,即

$$t_e = T_s/n \tag{7.21}$$

位定时误差也可以用相位来表示,称为相位误差,即

$$\theta_e = \frac{2\pi}{n} = \frac{360°}{n} \tag{7.22}$$

位定时误差导致取样时刻偏离最佳点,使取样值的幅度减小,系统的误码率上升。例如,当误差率为 t_e 时,2PSK 的误码率上升为

$$P_e = \frac{1}{4}\mathrm{erfc}\sqrt{\frac{E_b}{n_0}} + \frac{1}{4}\mathrm{erfc}\sqrt{\frac{E_b\left(1-\dfrac{2t_e}{T_s}\right)}{n_0}} \tag{7.23}$$

由式(7.22)和式(7.23)可知,要减小位同步的位定时误差,必须增加分频器的分频比。

2. 同步建立时间

同步建立时间是指失去同步后重建同步所需的最长时间。当位同步脉冲与接收到的码元之间的误差为 $T_s/2$ 秒时,调至位同步所需要的时间最长。而锁相环每调整一步仅能调整 T_s/n 秒,故所需的最大调整次数为

$$m = \frac{T_s/2}{T_n/2} = \frac{n}{2} \tag{7.24}$$

在接收二进制数字信号时,各个码字出现的 0 和 1 都是随机的。相邻码连着出现 01、00、11、10 的概率可以认为近似相等,码元发生交变的点提取出来作为相位比较器变化的点,也就是说每出现一次交变,相位比较器变相一次,那么控制器扣除或附加一个脉冲,位定时脉冲调整一次,那么对于位定时脉冲平均调整 T_s/n 秒所需要的时间为 $2T_s$ 秒。故位同步建立的时间最长为

$$t_s = \frac{n}{2} \times 2T_s = nT_s \tag{7.25}$$

由式(7.25)可知,分频次数越小,位同步建立的时间就越短。可见,建立位同步后位定时误差就越大,因此位同步建立时间和位定时误差这两个指标对分频次数的要求是矛盾的。

3. 同步保持时间

同步建立后,一旦输入信号中断,或者遇到长连 0 码、长连 1 码时,由于接收的码元没有过零脉冲,锁相系统就因为没有输入相位基准而不起作用。另外收发双方的固有位定时重复频率之间总存在频差,收端位同步信号的相位就会逐渐发生漂移,时间越长,相位漂移量越大,直至漂移量达到某一允许的最大值,就算失步了。由同步到失步所经过的时间称为位同步保持时间,用 t_c 表示。

$$t_c = \frac{1}{\Delta F \cdot K} \tag{7.26}$$

式中:ΔF 表示收发端双方固有位定时重复频率之间的频差。T_0/K 是收发两端允许的最大时间漂移。由此可知同步保持时间与收、发晶振的稳定度和系统允许的最大位同步误差有关。位同步保持的时间越长越好。

4. 同步带宽

同步带宽是指同步系统能够调整到同步状态所允许的收、发两端晶振的最大频差。也就

是说,收发两端晶振的最大频差大于同步带宽的话,同步系统无法建立同步。因为这种情况下,位同步脉冲的调整速度跟不上它与接收基带信号之间时间误差的变化。

【例 7.1】 在 2PSK 解调器中,用数字锁相环法实现位同步,设分频比为 100,基带信号的码元速率为 1000 Baud。

(1) 位同步系统建立位同步后可能的最大误差为多少?

(2) 位同步建立时间为多少?

(3) 若接收 2PSK 信号的幅度为 $A=20$ mV,信道中加性高斯白噪声的双边功率谱密度为 $n_0=8.68\times10^{-9}$ W/Hz,则此 2PSK 解调器的误码率为多少?

解 (1) 位定时误差为

$$t_e = T_s/n = 0.001/100 \text{ s} = 1\times10^{-5} \text{ s}$$

(2) 位同步建立时间为

$$t_s = nT_s = 100\times0.001 \text{ s} = 0.1 \text{ s}$$

(3) 对于二进制信号,有 $T_b = T_s = 0.001$ s,幅度为 $A=20$ mV,$n_0 = 8.68\times10^{-9}$ W/Hz,故

$$E_b = \frac{1}{2}A^2 T_b = \frac{1}{2}\times(20\times10^{-3})^2\times0.001 \text{ J} = 2\times10^{-7} \text{ J}$$

所以

$$\frac{E_b}{n_0} = \frac{2\times10^{-7}}{8.68\times10^{-9}} = 23.04$$

由式(7.23)可得

$$P_e = \frac{1}{4}\text{erfc}\sqrt{23.04} + \frac{1}{4}\text{erfc}\sqrt{23.04\times(1-2\times10^{-5}/0.001)}$$

$$= \frac{1}{4}\text{erfc}\sqrt{23.04} + \frac{1}{4}\text{erfc}\sqrt{22.581}$$

$$= \frac{1}{4}\text{erfc}(4.8) + \frac{1}{4}\text{erfc}(4.752)$$

$$= 7.37\times10^{-12}$$

7.4 帧同步

帧同步也称为群同步。帧同步的任务是确定每组码元的"开头"和"结尾",实现对接收码元序列的正确分组。在数字通信中,信息流是用若干码元组成一个"字",又用若干个"字"组成"句"。在接收这些数字信息时,必须知道这些"字""句"的起止时刻,在接收端产生与"字""句"及"帧"起止时刻相一致的定时脉冲序列的过程,统称为帧同步。实现帧同步的方法有两类:一类是插入法(外同步法),即在数字信息流中插入一些特殊码组作为每群的头尾标记,接收端根据这些特殊码组的位置就可以实现帧同步;另一类方法是自同步法,类似于载波同步和位同步中的直接提取法,它不需要外加特殊码组,利用数据本身所有的特殊性质来实现帧同步。我们只讨论插入特殊码组实现帧同步的方法。插入特殊码组常用的方式有两种:一种是连贯式插入;另一种是间歇式插入。

7.4.1 连贯式插入法

连贯式插入法又称为集中插入法。在该方法中,各个信息码组之间均插入一个特殊码组,次码组常称为群同步码组,它是指在每一信息群的开头集中插入作为群同步码组的特殊码组,由此确定各个信息码组的起止时刻。

对该码组的基本要求是:

(1) 具有尖锐单峰特性的自相关函数;

(2) 便于与信息码区别;

(3) 码长适当,以保证传输效率。

目前常用的群同步码组是巴克码。巴克码的优点是识别电路比较简单,而且与信息码差别大,不容易与信息码混淆,码长也比较适合。

巴克码是一种有限长的非周期序列。它的定义如下:一个 n 位长的码组 $\{x_1, x_2, \cdots, x_n\}$,其中 x_i 的取值为 $+1$ 或 -1,它的局部相关函数 $R(j) = \sum\limits_{i=1}^{n-j} x_i x_{i+j}$ 满足:

$$R(j) = \sum_{i=1}^{n-j} x_i x_{i+j} = \begin{cases} n, & j=0 \\ 0 \text{ 或 } \pm 1, & 0 < j < n \\ 0, & j \geqslant n \end{cases} \tag{7.27}$$

常用的巴克码组如表 7.1 所示。

表 7.1 巴克码组

位数	巴克码组
2	++ (11)
3	++- (110)
4	+++-(1110);++-+(1101)
5	+++-+(11101)
7	+++--+-(1110010)
11	+++---+--+-(11100010010)
13	+++++--++-+-+(1111100110101)

其中的 +、- 号表示 x_i 的取值 $+1$ 或 -1,分别对应二进制码的"1"或"0"。

以 7 位巴克码组 $\{+ \ + \ + \ - \ - \ + \ -\}$ 为例,它的局部自相关函数如下:

当 $j=0$ 时,$R(j) = \sum\limits_{i=1}^{7} x_i^2 = 1+1+1+1+1+1+1 = 7$;

当 $j=1$ 时,$R(j) = \sum\limits_{i=1}^{6} x_i x_{i+1} = 1+1-1+1-1-1 = 0$。

同样可求出 $j=3,5,7$ 时 $R(j)=0$,$j=2,4,6$ 时 $R(j)=-1$。根据这些值,利用自相关函数是偶函数性质,可以作出 7 位巴克码的 $R(j)$ 与 j 的关系曲线,如图 7.13 所示。由图 7.13 可见,其自相关函数在 $j=0$ 时具有尖锐的单峰特性。

仍以 7 位巴克码为例,用 7 位移位寄存器、相加器和判决器就可以组成一个巴克码识别器,如图 7.14 所示。

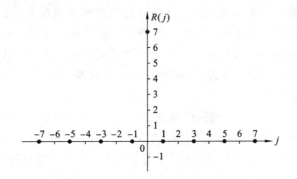

图 7.13　7 位巴克码的自相关函数

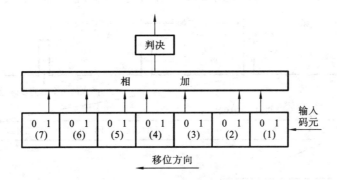

图 7.14　巴克码识别器

　　当输入码元的"1"进入某移位寄存器时,该移位寄存器的 1 端输出电平为 +1,0 端输出电平为 −1。反之,进入"0"码时,该移位寄存器的 0 端输出电平为 +1,1 端输出电平为 −1。各移位寄存器输出端的接法与巴克码的规律一致。这样识别器实际上是对输入的巴克码进行相关运算。

　　只有当 7 位巴克码在某一时刻正好全部进入 7 位寄存器时,7 位移位寄存器输出端都输出 +1,相加后得最大输出 +7。若判别器的判决门限电平定为 +6,那么就在 7 位巴克码的最后一位 0 进入识别器时,识别器输出一个同步脉冲表示一群的开头,如图 7.15(b) 所示。

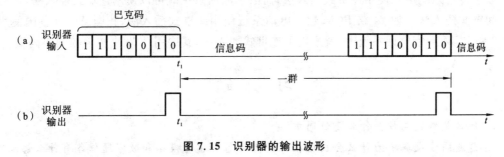

图 7.15　识别器的输出波形

7.4.2　间歇式插入法

　　间歇式插入法又称为分散插入法,它是将群同步码以分散的形式均匀插入信息码流中。

将群同步码字分散地插入信息中,即每隔一定数量的信息码元,插入一个群同步码字。这种群同步码字的插入方式称为间歇式插入法。这种方式比较多地用在多路数字电路系统中,一般都采用1、0交替码型作为帧同步码间歇插入的方法。这种插入方式在同步捕获时我们不是检测一帧两帧,而是连续检测数十帧,每帧都符合"1""0"交替的规律才确认同步。间歇式插入法的最大特点是同步码不占用信息时隙,每帧的传输效率较高,但是同步捕获时间较长,它较适合于连续发送信号的通信系统。

如24路PCM系统中,群同步则采用间歇式插入法。24路PCM数字电话系统间歇式插入群同步码示意图如图7.16所示。在24路PCM数字电话系统中,一个取样值用8位码元表示,24路电话各取样一次,共有24×8=192个信息码元。192个信息码元作为一帧,在这一帧中插入一个群同步码元(1码或者0码)。这样一帧就有193个码元。接收端的群同步系统将这种周期性出现的1码或者0码检测出来,即可以确定一帧信息的起始位置。

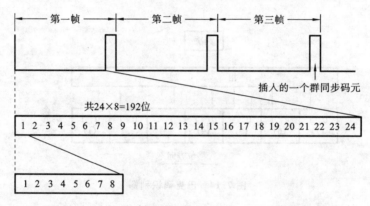

图7.16 24路PCM数字电话系统间歇式插入群同步码示意图

由于间歇式插入法在每一帧信息中插入一个群同步码,因而效率比较高,但获取群同步码需要经过多帧检测,建立同步时间比较长。当信息码中1码或者0码等概率出现时,间歇式插入法的群同步建立时间为

$$t_s = N^2 T_b \tag{7.28}$$

式中:N为一帧中的码元数;T_b为码元的宽度。

数字传输系统主要使用连贯式插入法,而数字电话系统既可以使用连贯式插入法,也可以使用间歇式插入法。如24路PCM数字电话系统使用间歇式插入法,我国及欧洲各国使用的30/32路PCM数字电话系统中,就采用了连贯式插入法,其中用TS0来传输帧同步码组。

习　题

1. 什么是载波同步?什么是位同步?

2. 载波同步提取中为什么会出现相位模糊问题?它对模拟和数字通信各有什么影响?

3. 对位同步的两个基本要求是什么?

4. 试述群同步与位同步的主要区别(指使用的场合上)。群同步能不能直接从信息中提取(也就是说能否用自同步法得到)?

5. 连贯式插入法和间歇式插入法有什么区别?各有什么特点和适用于什么场合?

6. 什么叫群同步？

7. 在插入导频法框图中，$a\sin\omega t$ 不经过 90°相移，直接与已调信号相加输出。试证明接收端的解调输出中含有直流分量。

8. 已知单边带信号的表达式为 $s(t)=m(t)\cos\omega t+\hat{m}(t)\sin\omega t$，$\hat{m}(t)$ 是 $m(t)$ 的希尔伯特变换，若采用与抑制载波双边带信号导频插入完全相同的方法，试证明接收端可正确解调；若发送端插入的导频是调制载波，试证明解调输出中也含有直流分量，并求出该值。

9. 已知单边带信号的表达式为 $s(t)=m(t)\cos\omega t+\hat{m}(t)\sin\omega t$，$\hat{m}(t)$ 是 $m(t)$ 的希尔伯特变换，试证明采用平方变换法提取载波时，不能实现载波的提取。

10. 在插入导频法方框图中，接收端信号不经过 90°相移，试证明接收端的解调输出中含有直流分量。

11. 画插入导频法方框图。

12. 画平方变换法提取载波方框图。

13. 何种数字通信系统需要群同步？群同步的实现方法有哪些？

14. 巴克码的主要特点是什么？长度为 7 的巴克码是什么？

15. 载波相位误差对于 2DPSK 和 2PSK 信号的解调影响是什么？

16. 画出 7 位巴克码识别器方框图。当有 1 位错误的巴克码全部进入识别器时，相加器的输出值为多少？

答　案

1~6. 略。

7. **证**　发端：$u(t)=m(t)\cdot a\sin\omega t+a\sin\omega t$

收端：$v(t)=u(t)\sin\omega t$

$\qquad=[m(t)a\sin\omega t+a\sin\omega t]\sin\omega t$

$\qquad=a[1+m(t)]\sin^2\omega t$

$\qquad=1/2a[1+m(t)](1-\cos2\omega t)$

$\qquad=1/2a[1+m(t)]-1/2a[1+m(t)]\cos2\omega t$

经低通滤波器后，滤除高频分量，输出 $v(t)=1/2a[1+m(t)]=1/2a+1/2am(t)$，故解调器输出的信号有直流分量 $a/2$。

8. **解**　(1) $v(t)=u(t)\sin\omega t=[s(t)-a\cos\omega t]\sin\omega t$

$\qquad=[m(t)\cos\omega t+\hat{m}(t)\sin\omega t-a\cos\omega t]\sin\omega t$

$\qquad=1/2m(t)\sin2\omega t+1/2\hat{m}(t)(1-\cos2\omega t)-1/2a\sin2\omega t$

$\qquad=1/2\hat{m}(t)+1/2m(t)\sin2\omega t-1/2a\sin2\omega t-1/2\hat{m}(t)\cos2\omega t$

经低通滤波器，滤除高频分量，输出为 $m'(t)=1/2\hat{m}(t)$，经 90°相移后，即可得到正确的解调信号。

(2) $v(t)=u(t)\sin\omega t=[s(t)+a\sin\omega t]\sin\omega t$

$\qquad=[m(t)\cos\omega t+\hat{m}(t)\sin\omega t+a\sin\omega t]\sin\omega t$

$\qquad=1/2m(t)\sin2\omega t+(\hat{m}(t)+a)\cdot1/2(1-\cos2\omega t)$

$\qquad=1/2\hat{m}(t)+1/2a+1/2m(t)\sin2\omega t-1/2(\hat{m}(t)+a)\cos2\omega t$

经低通滤波器,滤除高频分量,输出为 $m'(t)=1/2\hat{m}(t)+1/2a$。所以,解调器输出的信号有直流分量 $a/2$。

9. 证 设平方变换法输出的信号为 $e(t)$,则

$$e(t)=[m(t)\cos\omega t+\hat{m}(t)\sin\omega t]^2$$
$$=m^2(t)\cos^2\omega t+\hat{m}^2(t)\sin^2\omega t+2m(t)\hat{m}(t)\cos\omega t\sin\omega t$$
$$=1/2(1+\cos2\omega t)m^2(t)+1/2(1-\cos2\omega t)\hat{m}^2(t)+2m(t)\hat{m}(t)\cos\omega t\sin\omega t$$
$$=1/2[m^2(t)+\hat{m}^2(t)]+1/2[m^2(t)-\hat{m}^2(t)]\cos2\omega t+m(t)\hat{m}(t)\sin2\omega t$$

因为 $m^2(t)-\hat{m}^2(t)$ 及 $m(t)\hat{m}(t)$ 中不含直流分量,所以 $e(t)$ 中不含 $2f$ 分量,即不能采用平方变换法提取载波。

10. 证 发端: $u\{t\}=m(t)\cdot a\sin\omega t-a\cos\omega t$

收端: $v(t)=u(t)\cos\omega t=[m(t)\cdot a\sin\omega t-a\cos\omega t]\cos\omega t$
$$=1/2m(t)\cdot a\sin2\omega t-1/2a(1+\cos2\omega t)$$
$$=1/2m(t)\cdot a\sin2\omega t-1/2a-1/2a\cos2\omega t$$

经低通滤波器后,滤除高频分量,输出为 $v(t)=-1/2a$,故解调器输出的信号有直流分量 $a/2$。

11~16. 略。